"十四五"时期国家重点出版物出版专项规划项目

● 6G前沿技术丛书

6G智能超表面
无线信道环境自适应构建技术

李立欣　林文晟　印　通／著

北京理工大学出版社
BEIJING INSTITUTE OF TECHNOLOGY PRESS

内 容 简 介

本书以智能超表面关键技术研究为核心，建立从理论到应用的智能超表面技术体系。全书共分 8 章，从 6G 标准网络架构介绍开始，追溯了智能超表面的历史演化进程，对其工作原理、应用场景和通信模型开展了详细剖析，依照技术体系的实现流程，深入研究了智能超表面技术核心难点——信道估计问题和反射系数优化问题。本书主要面向高校师生、科研工作者，以及对 6G 通信技术感兴趣的读者。

图书在版编目（CIP）数据

6G 智能超表面无线信道环境自适应构建技术／李立欣，林文晟，印通著. -- 北京 ：北京理工大学出版社，2024. 12.

ISBN 978 - 7 - 5763 - 4606 - 0

Ⅰ . TN92

中国国家版本馆 CIP 数据核字第 2024LQ0976 号

责任编辑：王玲玲　　　文案编辑：王玲玲
责任校对：刘亚男　　　责任印制：李志强

出版发行／北京理工大学出版社有限责任公司
社　　址／北京市丰台区四合庄路 6 号
邮　　编／100070
电　　话／（010）68944439（学术售后服务热线）
网　　址／http://www.bitpress.com.cn

版 印 次／2024 年 12 月第 1 版第 1 次印刷
印　　刷／廊坊市印艺阁数字科技有限公司
开　　本／710 mm×1000 mm　1/16
印　　张／13
彩　　插／2
字　　数／233 千字
定　　价／76.00 元

　　智能超表面是 6G 的关键技术之一，它由多个超表面单元构成平面（或不规则表面）阵列，通过超表面单元对电磁波反射/透射特性的调控，最大化接收合成信号的质量，实现对无线信道环境的自主配置。

　　智能超表面技术的提出，颠覆了传统被动适应信道环境的系统设计思路，人们可以通过部署智能超表面来主动使无线信道环境符合通信场景的需求，从而突破无线信道环境的约束，使系统设计更为灵活。因此，智能超表面为 6G 提出了一个全新的技术愿景——智能可重构无线传播环境。

　　作为一项新兴的技术，智能超表面也有着诸多称呼，学术界常见的称呼还有可重构智能表面（Reconfigurable Intelligent Surface，RIS）、智能反射面（Intelligent Reflecting Surface，IRS）等。从字面意义来看，RIS 强调超表面单元是智能、可重构的，而 IRS 强调超表面的反射特性。但在大部分文献中，RIS 和 IRS 几乎是等价的，二者的使用取决于具体的场景、超表面的功能、作者的表达习惯等。近年来，由于透射型超表面、有源超表面等的出现，IRS 的称呼无法很好地涵盖这一技术大类，因此本书统一采用"智能超表面"和"RIS"来囊括这类技术。

　　在响应可持续发展战略方面，智能超表面也具有得天独厚的优势，它无须高能耗的射频器件，仅通过调整反射/透射相位等特性就能实现信号的增强，因此，它被期望给未来通信系统提供更高传输速率的同时，也比传统的中继技术、多天线技术等具有更低的能耗，从而弥补 5G 网络能耗大和在恶劣传播环境中效果不尽如人意的缺点。除在通信领域的应用之外，智能超表面技术也可被应用于探测、感知、传能，以及其他跨领域交叉方面。

本书以智能超表面关键技术研究为核心，建立从理论到应用的智能超表面技术体系。全书共分8章，从6G标准网络架构介绍开始，追溯了智能超表面的历史演化进程，对其工作原理、应用场景和通信模型开展了详细剖析，依照技术体系的实现流程，深入研究了智能超表面技术核心难点——信道估计问题和反射系数优化问题。在本书的内容体系中，智能超表面的"智能"体现在两方面：一方面，超表面单元需要能够依据信道条件进行自适应配置，通过人工智能方法对超表面单元进行自主优化；另一方面，人工智能在实际中的应用要求更高的传输速率，智能超表面技术可为人工智能业务提供更强大的通信基础支撑，因此，本书进一步讨论了将智能超表面用于辅助AI应用。在6G绿色通信的目标下，本书详细分析了智能超表面的能量效率优化技术，最后梳理了新型智能超表面的技术进展。

本书通过智能超表面的发展历程溯源、技术原理剖析、应用场景建模、信道条件估计、反射系数优化、辅助人工智能和能量效率分析，建立了循序渐进的逻辑体系，重点在于智能超表面的优化设计及其实际应用，通过严谨的理论推导和精巧的机制设计，实现智能超表面对无线传输环境的自适应重构，使读者能够通过本书有效掌握智能超表面技术，具备从理论分析到工程实践应用智能超表面的能力。

本书作者李立欣教授和林文晟副教授受国家留学基金委资助任访问学者，分别与国际通信领域顶级专家美国休斯顿大学的 IEEE Fellow（IEEE 会士）Zhu Han 教授和日本北陆先端科学技术大学院大学的 IEEE Life Fellow（IEEE 终身会士）Tad Matsumoto 教授合作开展人工智能与无线通信的学科交叉领域前沿技术研究。在多个国家级、省部级课题的支持下，在智能超表面优化设计研究领域积累了多项成果。本书是西北工业大学电子信息学院智能通信与信息处理团队的研究成果总结，离不开诸多参与研究工作的研究生贡献，先后参与工作的有马东徽、胡海鑫、王沛爵、刘海霞、印通等人，在此深表感谢！

本书是国内第一部主题为6G智能超表面与人工智能技术结合应用的系统性论著，是对作者近年来在智能超表面这一前沿交叉领域研究工作的一次梳理和总结，旨在为6G技术领域的科研工作者系统性地介绍智能超表面通信系统的理论模型、优化方法和应用方案。为了帮助广大读者更深入地学习和理解内容，本书每个章节末尾附有大量参考文献，全书共提供了近300篇关于智能超表面及其应用的参考文献，全面而翔实地介绍了该领域的研究进展，并提供了最新的研究成果。

本书入选"十四五"时期国家重点出版物出版专项规划项目，是"6G前沿技术丛书"其中一个分册，并得到西北工业大学精品学术著作培育项目资助出版，深表感谢。

由于作者的水平有限，加之本领域技术理论发展迅速，书中难免存在不妥之处，恳请广大读者批评指正。

作者

目 录
CONTENTS

第1章

绪　　论

第六代移动通信（6th Generation mobile networks，6G）系统作为智慧社会的关键基础设施，正在引领新一轮科技革命。6G 将实现物理与数字世界的深度融合，推动"泛在智联"的数字社会建设。本章以 6G 通信的愿景为依归，分别介绍了 6G 通信系统的未来愿景及潜在的关键技术，以期读者初步了解智能超表面在 6G 中的作用。

1.1　6G 通信愿景

6G 网络将实现包括陆海空天在内的全球全域无缝覆盖，与此同时，社会管理、经济生产、人类生活等方面将越发依赖高效可靠运行的网络。在 6G 时代，甚至一个用户可能就是一个生态场景，需要从网络架构层面提供以用户为中心的业务体验，让用户参与定义网络业务和定制化网络运营的机制，满足用户丰富多彩的个性化需求。通过网络架构的创新设计，解决现有网络存在的架构问题，同时满足 6G 网络业务定制化需求。

1.1.1　分布式异构网络架构

为了满足多样化场景的业务要求，6G 网络需要实现空、天、地、海立体覆盖及多种异构网络的融合共存。同时，数据技术（Data Technology，DT）、运营技术（Operation Technology，OT）、信息技术（Information Technology，IT）和通信技术（Communication Technology，CT）（DOICT）融合发展的技术正在驱动通信网络持续走向开放，它既能实现网络集中控制，又能灵活实现转发设备就近接入及本地分流。随着分布式边缘计算及智能终端设备大量部署，计算和存储等资源将下沉至边缘节点，这需要分布式与集中式协作的云边融合网络来支持。因此，未来 6G 网络架构将会是集中控制式移动通信网络与开放式互联网相互融合、集散共存的新型网络架构。

分布式网络技术在一定程度上突破了中心化的限制，驱动了互联网业务的飞速发展。包括在网络成员之间共享、复制和同步数据库的分布式账本技术（Distributed Ledger Technology，DLT），实现分布式数据存储的去中心化点对点传输星际文件系统，实现网络功能分布式、快速查找及访问等的分布式哈希表（Distributed Hash Table，DHT），以及组合多种分布式技术的区块链等技术。其中，区块链技术凭借其多元融合架构赋予的去中心化、去信任化、不可篡改等技术特性，为解决传统中心化服务架构中的信任问题和安全问题提供了一种在不完全可信网络中进行信息与价值传递交换的可信机制。因此，在网间协作、网络安全等方面引入区块链技术思维，可以增强网络扩展能力、网间协作能力、安全和隐私保护能力。此外，区块链技术还能够提供高性能且稳定可靠的数据存证服务，保证数据的安全可信和透明可追溯。借鉴这些分布式网络技术的思想，融合应用于未来 6G 网络架构的设计，将能够为网络构建分布式自治、去中心化的信任锚点，实现分布式的认证、鉴权、访问控制，同时，为用户签约数据的自主可控、数据保护等服务提供技术层面的支撑，降低单点失效和分布式拒绝服务（Distributed Denial of Service，DDoS）攻击的风险。在 6G 分布式网络中，大量多元化的节点（如宏基站、小基站、终端等）高度自治，且具有差异化的通信特征、缓存能力、计算能力及负载状况等，从而需要协同不同的节点，实现分布式网络资源互补和按需组网。

但是，由于分布式网络资源可能属于不同的企业、运营商、个人或第三方等，需要建立去中心化网络安全可信协作机制。因此，基于区块链技术和思想，实现资源安全可信共享、数据安全流通及隐私保护，成为未来 6G 网络提供信任服务的新方向。通过 DHT 结合 DLT 的方式来实现以用户为中心的网络架构，如图 1-1 所示，满足用户定制化的网络功能，提供了细粒度的个性化服务，并提供了去中心化的可信服务（Trust as a Service，TaaS）。用户的签约数据等由 DHT 实现链下存储，避免区块链膨胀等问题，并结合需授权的区块链保护用户的隐私，实现区块链与无线通信的深度融合，打破"人-机-物-网"之间的信任壁垒，提升无线网络的效率与安全性。因此，未来 6G 网络中需要利用分布式人工智能、区块链、软件定义网络（Software-Defined Networking，SDN）、网络功能虚拟化（Network Function Virtualization，NFV）等技术建立可按需调整、可弹性伸缩、安全可信、具有自组织、自演进能力的分布式网络，实现多接入网络、海量终端、多样化业务与多模式资源的协同，提升网络的可靠性和安全性等性能。同时，使 6G 网络与数字孪生和联邦学习等前沿技术的融合更加稳定可靠，支撑实现 6G 网络的智慧内生和安全内生[1]。

业务层
运营维护
应用与服务
TaaS(可信服务)
链间共识层
功能层
链内共识层
分布式网络功能
逻辑网络
资源层
基础设施资源
基础设施

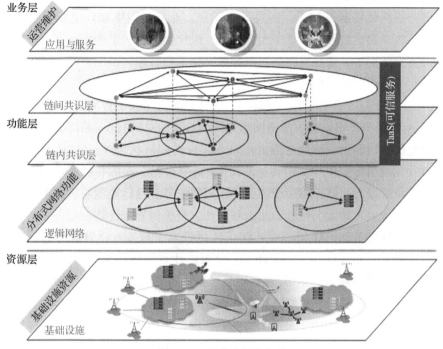

图1-1 分布式网络架构

1.1.2 感知通信计算融合网络架构

6G 网络架构将是感知通信计算一体化网络架构，具体包括三层：资源层、能力层和服务应用层，如图1-2 所示。其中，资源、能力与服务三位一体，资源共享、能力开放、业务协同，资源即服务，能力即服务。

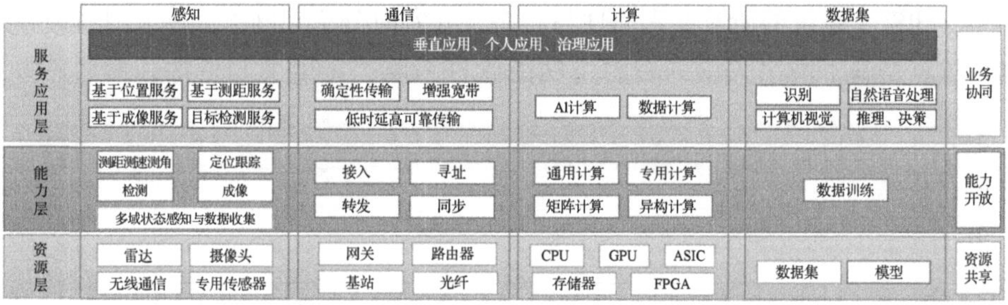

感知
通信
计算
数据集
服务应用层
垂直应用、个人应用、治理应用
基于位置服务
基于测距服务
基于成像服务
目标检测服务
确定性传输
增强宽带
低时延高可靠传输
AI计算
数据计算
识别
自然语音处理
计算机视觉
推理、决策
业务协同
能力层
测距测速测角
定位跟踪
检测
成像
多域状态感知与数据收集
接入
寻址
转发
同步
通用计算
专用计算
矩阵计算
异构计算
数据训练
能力开放
资源层
雷达
摄像头
无线通信
专用传感器
网关
路由器
基站
光纤
CPU
GPU
ASIC
存储器
FPGA
数据集
模型
资源共享

图1-2 感知通信计算一体化网络架构

6G 资源层包括感知资源、通信资源、计算资源和数据集资源等。感知资源包括无线感知频谱资源和软硬件资源，具体分为雷达、摄像头、专用传感器等，以及计算存储资源及相关软件资源。通信资源包括路由器、网关、基站等软硬件资源及无线频谱资源。计算资源包括各类异构通用或专用计算单元、存储器和服务器等。数据集资源是网内、网外所有用户、业务、网络和环境相关原始数据集、训练集和测试集等，包括个人大数据、医疗大数据、工业大数据、交通大数据和教育大数据等。资源层将通过微服务云化平台管理和调用资源形成不同原子化功能，为能力层提供服务。

6G 能力层包括感知能力、通信能力、计算能力与人工智能（Artificial Intelligence，AI）能力。感知能力是指网络与终端具备的对所有 6G 系统要素的属性与状态信息的获取能力。除通过数据接口方式获得多域状态外，6G 还将通过无线感知方式实现目标定位（测距测速测角）、定位跟踪、检测和成像功能，进一步提供基于位置服务、基于测距服务、基于成像服务和目标监测与识别服务等。通信能力包括接入、转发、寻址、路由和同步，将提供确定性传输服务、更低时延更高可靠传输服务和 100 Gb/s ~ 1 Tb/s 的增强宽带服务。计算能力包括通用计算、专用计算、矩阵计算、异构计算、分布式计算等模式，提供 AI 计算、数据计算和通信计算等能力。AI 能力主要是数据训练和推理，提供生物识别、自然语言处理、计算机视觉和机器人决策等服务。这些基础服务能力可进一步支持人机交互、智能体交互和虚实交互，实现更高层次的综合应用。

为了有效实现网络资源、能力与应用管理，需要定义 6G 网络关键的管理实体及其拓扑架构，如图 1 – 3 所示。主要包括网络大脑（网络智能与控制中心）、感知控制功能、通信控制功能、计算控制功能、用户控制功能、业务控制功能等功能实体，以及计算节点、通信节点（接入转发）、感知节点和终端节点（多功能节点）等资源实体。三者通过控制总线与数据总线相互访问和交互。网络大脑基于全局感知，形成全局资源与能力管理策略，可以实现基于通信与算力状态的业务编排，也可以实现基于业务需求的通信与算力联合编排。特别地，感知控制功能感知整个系统的所有要素属性与状态，并实时分享到网络大脑及其他功能实体，重点是基于网络大脑的资源与功能管理策略，调度感知资源，形成感知能

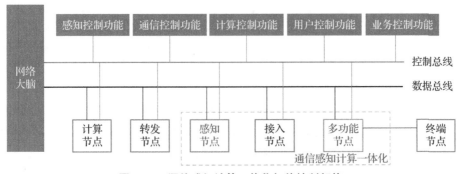

图 1 – 3　通信感知计算一体化智能控制架构

力，保障满足网络运行与业务运行需求。网络大脑支持"集中 + 分布"协同控制，实现智能化泛在的分层融合组网。在集中网络和边缘网络之间进行资源灵活调度，应用和控制层面集中和自治协同。通过分布式与集中式协作的云、边、端、业融合，一方面，将更多的网络功能扩展到网络边缘，实现区域自治的边缘网络；另一方面，将面向全局编排调度的功能集中，支持更加复杂的跨域业务。

在通信感知计算一体化网络架构中，定义两类新的节点：多功能网络节点和多功能终端节点。前者是传统网络中的接入节点、转发节点、计算节点和存储节点的部分功能或全部功能融合节点，具有多级分布式特征。后者是具有本地通信、感知、计算和智能的移动终端，即智能体[2]。

1.1.3 智能化网络架构

6G 网络需要满足未来 2B/2C 等智慧内生的基本诉求，相比于之前的网络架构设计，其存在几个方面的范式转变：

（1）从云化到分布式网络智能的转变。由于网络中数据和算力的分布特性，要求 6G 构建开放融合的新型网络架构，实现从传统的 Cloud AI 向 Network AI 转变。

（2）对上行传输性能加强关注的转变。与之前网络以下行传输为核心不同，智能服务将带来基站与用户之间更为频繁的数据传输，需要重点考虑上行通信的场景需求，以更有效地支撑分布式机器学习运用。

（3）数据处理从核心到边缘的转变。未来数据本地化的隐私要求、极致时延性能，以及低碳节能等要求，要将计算带到数据，支持数据在哪里，数据处理就在哪里。

为了应对这些转变，新的网络架构及相应的协议亟待提出，需要设计一套完整的连接 + 计算 + 智能的融合方案，实现网络的智慧内生，而不只是增强管道连接的性能。新的网络架构对内能够利用智能来优化网络性能，增强用户体验，自动化网络运营，即 AI4Net，实现智能连接和智能管理；同时，对外能够为各行业用户提供实时 AI 服务、实时计算类新业务，即 Net4AI。相比于基于云的优势，集成连接和行业的 Cloud AI，在数据隐私、极致性能和海量数据传输导致的高能耗等方面都能提供更优的解决方案。这需要思考和重塑端管云模型，使 6G 成为一个无处不在、分布式、智慧内生的创新网络，不再是一个纯"管道"，这可能是 6G 的真正机遇。

要支持智慧内生的网络，移动基础设施要从单纯的连接服务发展为连接服务 + 计算服务的异构资源设施，包括网络、算力、存储等。在这样的基础设施上，构建较完善的 AIaaS（AI as a Service）平台来提供训练和推理服务，形成完整的

Network AI 架构，如图 1-4 所示。主要包括 3 个基本的能力，分别为 AI 异构资源编排、AI 工作流编排和 AI 数据服务。资源编排为 AI 任务提供基站、终端等工作节点支撑，提供包括计算、传输带宽、存储等各类资源；AI 工作流编排对网络 AI 任务进行控制调度，串联起各个节点完成训练和推理过程；中间的数据流则由数据服务来管控。由这 3 项基本能力构建起的网络 AI 架构可以高效地为 AI4Net 和 Net4AI 执行训练和推理任务，例如，智能运维下进行基站和终端异常数据的收集并训练模型，实现异常的自动检测推理任务，并有效进行风险规避。

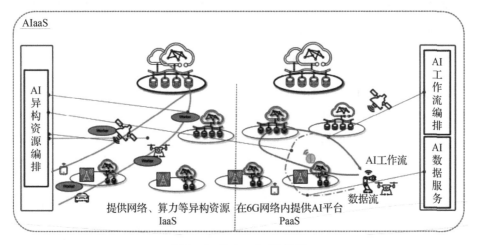

图 1-4 Network AI 架构

要实现上述目标，Network AI 应原生提供如下关键特性：

（1）Network AI 的管理和编排。AI 的管理和编排主要涉及平台能力的构建，AI 工作流的运营、管理和实施部署能力。需要发展相应的工具，针对跨域跨设备等情况来对 Network AI 工作流进行统一的管理编排，相关接口也需要标准化。

Network AI 涉及的资源是分布式、混合多类型的，这和 Cloud AI 的资源分布及类型是完全不同的，需要在网络架构上新增对大规模分布式异构资源进行智能调度的能力。要依据智慧内生网络的特点，设计新的 AI 框架和分布式学习算法，考虑模型的计算依赖和迁移，AI 各层数据传输要适配网络各节点的传输能力等，通过分层分布式的调度，适应复杂环境，满足复合目标和可扩展性，真正体现 6G 网络的 AI 原生性。

管理编排机制在实际应用中可以分为集中式和分布式。分布式可以做去中心化的全分布式，也可以进行分层管控。

（2）Network AI 网络功能架构。Network AI 的网络功能架构是分层融合的，如图 1-5 所示，包含全局智能层和区域智能层。

　　全局智能层，即内生智能超脑，为集中的智能控制中心，具有智能中枢功能，完成全局统筹的中枢控制与智能调度。全局智能层与灵活快速的智能边缘协同组成分布式、层次化控制体系，支撑智能协同分布式网络功能和泛终端智能功能，实现端到端的内生智能控制。

　　区域智能层，是部署在各种分布式网络或者泛终端智能边缘的智能功能，与智能中枢协同构成网络的内生 AI 体系。区域智能层通过分布式的 AI 算法（如联邦学习算法）与智能中枢共同完成网络的内生智能功能，为海量边缘设备提供快速按需的智能服务。此外，在智能中枢大尺度控制的特定场景下，智能边缘之间可交互实现分布式的智能协同。

图 1-5　Network AI 网络功能架构示例

　　（3）DOICT 融合的基础设施。在 6G 时代，信息、通信和数据技术将全面深度融合，支持全场景接入，实现海量终端和连接的智能管控，支持根据应用需求和网络状态进行连接的智能调度。同时，还需要大量的计算资源进行实时训练和高效推理。这将导致移动通信网络在提供通信相关的控制面和用户面基础上，要考虑增加独立计算面的架构，同时对数据采集和处理有高性能要求。

　　另外，6G 网络 AI 提供的是一个低碳节能的开放生态，并将持续推动周边产业的发展，包括芯片制造、人工智能、网络终端设备等，如纳米光子芯片等更小且算力更强的芯片。为了满足更快、更准确的智能分析业务需求，需要人工智能产业提供训练模型更加优化的机器学习算法，提供可以广泛应用的联邦学习、多智体学习等分布式学习算法；为了实现云-边-端的新型网络智能架构，需要网络和终端设备产业提供新型的网络设备和接口，以满足网络中各层智能的数据生成和交换。

1.2 6G 通信中潜在的关键技术

1.2.1 超大规模天线技术

超大规模天线是在大规模天线（Massive Multiple Input Multiple Output，Massive MIMO）基础上的进一步演进，通过部署超大规模的天线阵列，应用新材料，引入新的工具，超大规模天线技术可以获得更高的频谱效率、更广更灵活的网络覆盖、更高的定位精度、更高的能量效率等。

随着天线和芯片集成度的不断提升，在尺寸、重量和功耗可控的条件下，天线阵列的规模将持续增大。天线规模的进一步扩展将提供具有极高空间分辨率和处理增益的空间波束，提高网络的多用户复用能力和干扰抑制能力，从而提高频谱效率。超大规模天线具备在三维空间内进行波束调整的能力，从而在提供地面覆盖之外，还可以提供非地面覆盖，如覆盖无人机、民航客机甚至低轨卫星等。随着新材料技术的发展（如智能超表面），超大规模天线将与环境更好地融合，网络的覆盖、多用户容量和信号强度等都可以大幅提高。

分布式超大规模天线技术将 MIMO 技术和分布式系统有机结合起来，有利于构造超大规模的天线阵列，有望提供更高的空间分辨率和频谱效率。分布式超大规模天线网络架构趋近于无定形网络，传输方式也将由以网络为中心转变为以用户为中心，实现均匀一致的用户体验。此外，分布式超大规模天线技术可以拉近网络节点和用户间的距离，有效降低系统的能耗。为实现分布式超大规模天线，首先要解决部署问题，即如何低成本、可实用地部署；其次要解决节点间信息实时交互和时频同步的问题。

超大规模天线技术中引入人工智能技术将有助于充分发挥超大规模天线技术的潜力。在未来的通信系统中，超大规模天线有可能在多个环节实现智能化，如信道探测、波束管理、预处理、多用户检测与调度、信号处理与信道状态信息反馈等，从而使超大规模天线系统更加高效和智能。如何满足实时性要求及获取训练数据是人工智能与超大规模天线结合需要解决的问题。

超大规模天线阵列具有极高的空间分辨能力，不仅可以在复杂的无线通信环境中提高定位精度，实现精准的三维定位，还可以获得目标的空间姿态信息，在依赖高精度位置信息的应用中至关重要。

6G 系统向超高频段扩展所面临的一个关键挑战是超高频段的路径损耗。超大规模天线技术超高的处理增益能够在不增加发射功率的条件下增加超高载频通信的通信距离和覆盖范围，成为保障超高频段通信性能的关键技术。

超大规模天线也面临诸多挑战，包括成本高、信道测量与建模难度大、信号处理运算量大、参考信号开销大、前传容量压力大等[3]。

1.2.2　语义通信技术

6G 网络将为用户提供沉浸式、个性化和全场景的服务，最终实现服务随心所想、网络随需而变、资源随愿共享的目标。随着脑机交互、类脑计算、语义感知与识别、通信感知一体化和智慧内生等新兴技术和架构的出现与发展，6G 网络将具备语义感知、识别、分析、理解和推理能力，从而实现网络架构从数据驱动向语义驱动的范式转变。6G 网络将实现多模态语义感知及通信的深入融合，充分利用不同用户、设备、背景、场景和环境等条件下的共性语义信息和普适性知识域，自动对传输信息中所包含的语义和知识进行感知、识别、提取、推理和迁移，从根本上解决基于传统数据驱动通信协议中存在的跨系统、跨协议、跨网络、跨人机交互与通信不兼容和难互通等问题，大幅度提高通信效率、减少语义传输和理解时延、降低语义失真度并显著提高用户体验质量（Quality of Experience，QoE），同时，对包括人机共生网络、触觉互联网、情感识别与计算网络等新兴应用提供有力支撑。

作为一种全新通信范式，语义通信技术有望将通信网络从传统的基于数据协议和格式的单一固化通信架构中解放出来，采用更具有普适性的信息含义（即语义）作为衡量信息通信性能的主要指标，打通机 – 机智联、人 – 机智联与人 – 人智联模式之间的"壁垒"，实现真正的万物无缝智联。首先，由于语义通信主要依赖建立在海量人类用户和机器之间都具备普适性和可理解性的语义知识库，因此，有望打破目前机 – 机智联中信息模态不一致导致的不兼容问题，为建立能够满足不同类型设备之间互通互联的统一通信协议架构奠定基础。其次，由于语义通信以人类的普适性知识和语义体系作为基础，因此，可从根本上保证人 – 机智联及人 – 人智联交互与通信时的用户服务体验，并进一步减少语义和物理信号之间的转换次数，从而降低可能产生的语义失真。

近年来，语义通信网络在知识共享和语义理解方面的独特优势逐渐得到学术界的认可，并在包括触觉互联网、全息通信和人机共生网络（如无人驾驶和有人驾驶车辆共存的交通网络、远程医疗、网络虚假和恶意信息识别系统等）在内的诸多场景下得到应用。

面向 6G 语义通信网络语义通信的关键技术主要包括：

（1）跨域感知与识别：语义可能受不同主、客观环境因素影响，如用户情绪、性格、与其他通信用户之间社交关系等信息均可能对语义产生影响。因此，需要综合分析和融合不同方面、种类和形态的感知数据，如综合分析通信参与用户之间的社交网络信息、视觉图像信息、性格数据等多模态信息数据，提取可能对语义产生影响的多方位因素进行综合分析，将有望提升语义通信的识别效率和精度。

（2）普适性语义表征：语义通信网络需要解决的首要问题是知识和语义表征问题。语义通信网络的知识表征应当具备几个基本要求：易于搜索；易于实现计算操作；易于添加、删除、更新知识实体和实体间的各种关系；节省存储空间。

（3）语义通信网络模型与知识共享：语义通信既需要全局知识与模型库包含普适性的知识实体（如常识性的单词和事实）与不同实体之间的关系，也需要包含私有和个性化信息的私有知识库。

面向万物智联的语义通信网络架构，如图 1-6 所示。

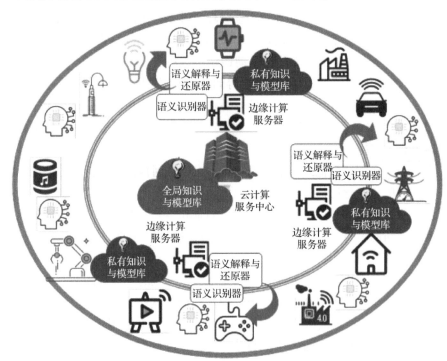

图 1-6　面向万物智联的语义通信网络架构

此外，语义通信网络技术还将赋能 6G 网络的诸多关键能力与服务，推动网络架构的下列转变。

（1）语义感知与通信融合：6G 网络将能够根据所传输信息的语义信息对信号的采样、传输、解释和还原过程进行优化，从而以能够最大化 QoE 的形式实现语义信息的发送和还原。例如，在无人驾驶环境下，不同车辆之间自动感知驾驶员和乘客的意图，并通过互通语义提高驾驶决策的安全性和可靠性；或在远程医疗诊断中通过感知医生和患者的背景、意图、情绪和场景等，识别出双方都能够理解的普适性语义信息，并自适应地以文本、图像、全息立体投影甚至是触觉和味觉等方式帮助医生和患者之间进行理解和交互。

（2）语义计算和通信融合：由于识别和处理语义信息所耗费的计算和存储资源远超出单个智能终端所具备的能力，因此，语义通信网络应当充分利用外部的计算和存储资源，并在海量用户之间实现多种资源的融合与共享。语义通信网络将充分利用算力网络、内生网络智能和安全与可信技术的最新成果，实现复杂语义和场景的快速、高效、安全处理。

（3）基于语义的安全内生和隐私保护技术：由于语义通信网络无须传输完整的数据信息，而仅需传输根据语义信息所提取和压缩后的信息，因此，可显著提高网络通信的安全性。此外，通过识别和跟踪用户通信内容中的语义变化，还可有效发现和识别恶意用户对所传输数据和内容的篡改。

1.2.3　人工智能技术

6G 将是人 – 机 – 物智慧互联、智能体高效互通、"感知 – 决策 – 执行"一体化的架构级智能网络，通过与 AI 技术的多层级深度融合，实现网络自治、自调节以及自演进。6G AI 体现在对内的智慧感知、智慧管理、智慧决策和智慧编排等，以及对外的抽取和封装网络，其重要特征是分布式多级多域 AI，这让分散的低计算能力设备和智能体能够高效实时协作，形成网络增强 AI。终端 AI 可以感知分析用户行为，提升终端资源效率与节能；接入网 AI 感知分析终端与空口状态，提升空口传输效率与节能；核心网 AI 感知业务需求优化网络部署与管理，构建网络大脑。6G AI 将从支撑情感交互、脑机交互、智能体与人交互拓展到支撑智能体交互互联，极大地扩展了 6G AI 应用。

1.2.3.1　机器学习和深度学习

作为 AI 技术的一个重要研究方向，机器学习（Machine Learning，ML）利用如支持向量机、深度神经网络（Deep Neural Network，DNN）等算法的非线性处理能力，成功地解决了一系列从前难以处理的问题，在图像识别、语音处理、自然语言处理、游戏等领域甚至表现出强于人类的性能[4]，因此也被期待在 6G 无线通信中发挥作用。

ML 作为一种实现人工智能的方法，研究怎样使用计算机模拟来实现人类的学习活动。传统 ML 的研究方向主要包括决策树、随机森林、人工神经网络、贝叶斯学习等，其历经 70 年的曲折发展，以深度学习（Deep Learning，DL）为代表的技术借鉴了人脑的多分层结构，以及神经元连接交互信息的逐层分析处理机制，形成了自适应、自学习的强大并行信息处理能力。

DL 作为一种实现机器学习的技术，它源于人工神经网络的研究，其模型结构是一种包含多个隐藏层的神经网络，通过组合底层特征形成更加抽象的高层特征，以发现数据的分布式特征表示。通过逐层特征变换，将样本在原空间的特征表示变换到一个新特征空间，从而使分类或预测更容易。与人工规则构造特征的方法相比，DL 利用大数据来学习特征，更能够刻画数据丰富的内在信息。

基于此，DL 有望辅助于信道估计、波束赋形、感知定位等技术，当然，其不仅可以外挂方式辅助无线通信，作为单个模块的补充技术或者优化技术单独使用，也可以用于无线通信的全链路设计，或者将无线环境建模为 DNN，赋予 6G 通信内生智能。

1.2.3.2 联邦学习

未来 20 年，AI 将成为科技的主流，在各个行业广泛部署，同时，移动设备将呈指数级增长，导致计算资源由云端向边缘端转移[5]，分布式的计算资源使基于中心云的集中 AI 平台向分布式的 AI 平台转变。这种分布式 AI 平台，可使每个参与协作的智能节点或设备之间传递的只是一部分参数或运行结果，而不是所有的原始数据。同时，分布式 AI 平台可以支撑模型在边缘设备之间的交换和协同，以及跨网络之间的联合推理[6]。分布式 AI 突破了集中式智能的运行"瓶颈"，同时避免了数据传输造成的通信带宽浪费，可极大地促进 AI 在全社会的普及。因此，大规模的分布式训练、群智式的推理协同，以及对数据的隐私保护，促使 6G 网络需要对 AI 平台提供原生支持和分布式部署，实现在任何位置都能运行 AI 应用，助力构建新的全行业智能通信生态系统。

目前，一种潜在的分布式人工智能方法即分布式联邦学习（Federated Learning，FL）成为业内关注的热点。为了加速模型训练，业界提出了分布式学习。当前的研究热点 FL 作为分布式的 ML，通过使用移动端节点上的分散数据进行本地训练，以分散的方式训练出中心模型，仍然能够达到高质量的训练效果，并且减少了数据传输的成本，达到了保护数据隐私的目的。图 1-7 展示了 FL 架构，节点使用本地数据集进行模型训练，然后发送更新的参数到服务器，服务器再将聚合后的参数更新返回给各节点[7]，各节点无须共享数据资源，即数据保留在本地的情况下，进行数据联合训练，建立共享的机器学习模型。

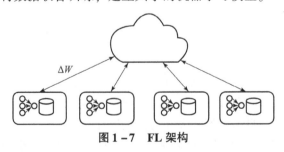

图 1-7　FL 架构

在未来，FL 将是实现 6G 网络多用户智能分布协作的关键技术。在 6G 时代，如何设计分布式学习架构、优化参数通信方式，将成为影响 6G 网络 AI 应用产出效率的重要因素。本书将在第 5 章详细介绍联邦学习的原理，并在后续章节应用联邦学习解决基于智能超表面的通信系统优化问题。

1.2.4　智能超表面技术

1.2.4.1　智能超表面技术概述

6G 目标的实现离不开大规模 MIMO、毫米波通信与超密集网络这三个关键技术的强力支撑。然而，这些技术面临着两个主要的实际限制：一是它们消耗大量的能量，这是实施中的一个关键问题；二是由于缺乏对无线传播信道的控制，它们难以在恶劣的传播环境中为用户提供不间断的连接和令人满意的服务质量。例如，为使网络密集化，需要增密基站，从而造成网络的总能耗线性增加。一个射频链通常包括多个有源部件，如数模转换器和低噪声放大器，因此，当大规模 MIMO 天线阵列中的每个有源天线元件连接成一个射频链时，系统的总成本和能量消耗非常高。此外，当无线传播环境表现出很差的散射性时，大规模 MIMO 性能会受到严重影响。虽然毫米波频带很宽，但是毫米波信号传播路径损耗相当大，且容易被物体阻挡。上述两个实际限制促使未来需要发展出既可控制传播环境又可持续发展的绿色通信网络[8]。

在过去的几十年中，无线传播环境是不可控的，研发人员所做的工作都集中在基站侧和用户侧来进行设计，基站和用户中间的无线信道这一部分则被认为是随机的、不可控的，所以需要设计一些调制编码技术来适应它。6G 提出了一个新的愿景：智能可重构无线传播环境，即不是用现有的技术去被动地适应环境，而是主动自下而上地改变无线信道，以使其符合我们的需求。为实现这个愿景，潜在的关键技术就是智能超表面（Reconfigurable Intelligent Surface，RIS）技术，它被期望可以给未来的通信系统提供一个更高的传输速率、更低的能量消耗，在系统的设计和应用方面，也更加自动化和智能化，弥补了 5G 网络能耗大和在恶劣传播环境中效果不尽如人意的缺点，这是一种既可控制传播环境又可持续发展的绿色通信技术。

RIS 也被称为智能反射面（Intelligent Reflecting Surface，IRS）、大型智能面（Large Intelligent Surface，LIS）、软件定义面（Software - Defined Surface，SDS）等。根据研究领域和角度不同，RIS 还有其他多种多样的称呼[9]。

RIS 是一种包含多个亚波长近被动散射元件的超薄表面[14]，其相邻元件之间的亚波长分离使信号在表面上的操作成为可能。RIS 所用电磁材料可以是先进的超材料[9]，也可以是反射阵列。RIS 既可以安放在建筑物表面上或街道路灯柱、广告板上，也可以安放在室内棚顶、墙壁上，甚至还可以灵活地安放在家具、衣物等上。一个典型的 RIS 实现包括许多无源元件，它们可以通过分布在整个表面 PIN（Positive Intrinsic Negative）二极管的适当配置来控制信号的电磁响应[15]，根据 PIN 二极管的 ON/OFF 状态，可以进行几种信号变换[16]，改变入射信号的相位、幅度、频率，甚至极化方向。目前讨论最多、最便于实践的是改变相位[10]。如图 1 - 8 所示，即使在视距链路不畅通的情况下，RIS 通过智能重构传播环境也可以形成良好的传输路径，从而显著提高无线网络的传输性能。

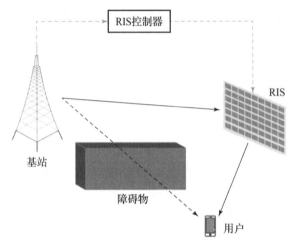

图 1 - 8　基于智能超表面的无线通信

RIS 的可编程特性使它能够按照预期的方式塑造传播环境，并允许以较低的成本、尺寸、重量和功率将信号重新传输到接收机[17]。总体来说，RIS 可以积极地定制环境，以提供理想的传输特性和多样化的传输信道，从而提高无线网络的频谱效率、能源效率、覆盖范围、安全性和通信可靠性，而且适配于现有的无线通信系统。下面将全方位介绍 RIS 的研究进展情况。

1. 2. 4. 2　智能超表面技术研究现状

1. 国内外研究概况

RIS 技术属通信技术、电子技术、智能科学、物理学及材料科学的交叉研究领域。RIS 不仅能用来做无源反射器，也可以用来做有源发射机和接收机。文献 [18] 研究了大规模 MIMO 2.0 解决方案，探索 RIS 取代传统大规模 MIMO 的无线传输系统，进而提出 LIS 的概念。其理论分析表明，LIS 系统每平方米超表面的可达容量能随平均传输功率线性增加，而传统大规模 MIMO 的可达容量只随平均传输功率对数增加。此外，文献 [19] 还探讨了 LIS 在终端定位中的应用。

文献 [20] 进一步发挥了 RIS 的传输潜力，在 RIS 附近有一个射频（Radio -

Frequency, RF) 信号生成器的情况下, 提出了可利用 RIS 本身作为接入点的设想。为了传输 RIS 信息, RF 信号生成器产生未调制载波信号射向 RIS, 然后 RIS 将其信息调制到反射的载波信号上, 通过动态调整 RIS 相移可使接收信噪比最大化。实际上, 未调制的载波容易由具有内部存储器和功率放大器的 RF 数模转换器 (Digital – to – Analog Converter, DAC) 来产生, 而信息比特可通过调整 RIS 的反射相位来传递。如果 RF 源离 RIS 足够近, 那么其信号传输就不会受到衰落的影响。文献 [20] 所提出的 RIS 传输方案具有复杂度很低、能量效率很高的特色, 因此符合无线网络未来可持续发展的需求。

RIS 无线网络概念的核心思想是将通常在无线端点实现的功能移动到其环境上[6]。在这方面, RIS 与新兴技术的协同集成是很有前途且亟须展开的研究方向。鉴于此, 目前研究人员已纷纷考虑各种各样的 RIS 应用场景, 例如[6,21]:

(1) 边缘智能: 它是一种利用存储缓解网络数据流量的先进技术, 包括边缘缓存、边缘计算和边缘学习。采用 RIS 可以有效地提高边缘缓存、计算和学习网络的工作效率, 特别是 RIS 可通过智能调整入射电磁波的相位来缓解边缘器件的能量限制问题, 提升边缘计算和学习过程中的联合上行及下行通信效率。

(2) 室内外定位: 也像利用大规模 MIMO 技术一样, 利用 RIS 辅助传输技术可以有效提高室内或室外的定位精度。从未来无线信息技术发展趋势来讲, RIS 技术的发展将会有力地推动无线感知技术的普及。

(3) 物理层安全: 是无线通信领域与信息安全领域的一个研究热点。应用 RIS 技术既可以增加合法用户的安全传输速率, 同时又可以降低非法用户的窃听效果。

(4) D2D (Device – to – Device) 通信: 它是 5G 移动通信空口新技术之一, 能进行终端到终端的直接信息传输。D2D 通信引入 RIS 技术, 可支持设备之间低功耗传输, 提高信息传输速率, 同时还能降低设备之间的干扰。

(5) 无线携能通信: 它是绿色通信新技术, 在物联网中有广泛的应用。通过合理部署 RIS, 无线携能通信网络就可以大幅提升信息与能量传输的效果。

(6) 无人机通信: 它具有传输距离远、部署方便、机动灵活、覆盖范围广及经济效益高等诸多优点, 受到学术界和工业界的广泛关注。RIS 不论是部署在建筑物表面上还是部署在无人机机身上, 均能有效提升无人机系统的服务效果。

上述 RIS 重要进展涉及 RIS 硬件实现、传输功能及应用场景等方面。近年来, 很多学者纷纷开展了利用 RIS 反射功能的研究工作, 下面将重点介绍 RIS 在性能分析、优化设计、信道估计及应用在毫米波通信方面的研究进展。

2. 性能分析方面进展

对于点对点和点对多点的无线传输场景，RIS 辅助下的系统性能都得到了很好的分析，特别是对于点对点传输场景，文献 [6] 和 [20] 从误码性能的角度评估了 RIS 辅助通信的潜力。分析结果表明，基于 RIS 的传输可以有效地提高接收信噪比，特别是平均接收信噪比可随 RIS 反射单元数目的平方线性增长，因此，在相当低的输入信噪比下可以实现高可靠的无线传输。

对于 RIS 辅助多天线基站的单小区下行传输情景，文献 [22] 中通过最小化基站传输功率分析得出这样一个单用户功率缩放律（Power Scaling Law）：随着 RIS 的反射单元数目趋于无穷，接收信号功率增益能按单元数目的平方线性增长。而对于传统大规模 MIMO 系统，接收信号功率增益只能按天线数目一次方线性增长。在文献 [23] 中也考虑了单小区下行传输问题，仿真结果显示，在 RIS 辅助下的多天线下行系统中，即使基站采用足够少的天线，整个系统也会获得像传统大规模 MIMO 一样的性能增益。

RIS 系统每个反射单元具有连续相移这一假设过于理想，不符合未来实践需要。在文献 [22] 的后续研究中，考虑 RIS 具有离散相移，并在此情况下再分析同样的功率最小化问题。进一步分析结果表明，与具有连续相移的理想情况相比，具有有限分辨率相移的 RIS 与具有无限分辨率相移的 RIS 有相同的功率缩放律，其功率损失是一个与量化比特数有关的常数，且随着反射单元数目不断增加可以忽略不计[24]。

文献 [25] 考虑了莱斯衰落环境下 RIS 辅助的大规模 MIMO 单用户系统，并给出了基于遍历容量近似表达式和信道状态信息（Channel State Information，CSI）统计的 RIS 相移最优解，然后进一步分析了不同莱斯因子和离散相移对系统性能的影响。仿真结果表明，即使使用 2 比特相移，也可以保证容量损失相当小。

空间调制（Spatial Modulation，SM）是目前流行的索引调制（Index Modulation，IM）技术，其通过利用 MIMO 天线的不同衰落特征，将信息比特映射到发射天线索引上。文献 [26] 考虑 RIS 与 IM 的结合，提出了 RIS – SM 和 RIS – SSK（Space Shift Keying）两个 RIS 辅助的 IM 系统传输方案。通过发挥 RIS 和 IM 的各自优势，这两个方案都能进一步提高信号质量、改善频谱效率。

目前也有一些工作考虑将 RIS 与协作中继系统进行综合对比。文献 [27] 显示，与传统的放大转发（Amplify – and – Forward，AF）中继处理方式相比，RIS 辅助系统能带来很大的能量增益。在文献 [28] 中，将 RIS 辅助的无线传输系统与经典的解码转发（Decode and – Forward，DF）中继处理方式进行综合比较，确定了系统需要在 RIS 上安放多少个反射单元才会在性能上优于 DF 中继系统。

3. 优化设计方面进展

优化设计是 RIS 技术特别重要的课题，目前已得到了广泛的研究和讨论。假定基站分布多天线，考虑 RIS 辅助单小区多用户下行传输场景[29]，如图 1 − 9 所示，将目标集中在通过优化 RIS 相位与用户功率来最大化系统和速率的问题上，这个问题可归结为一个非凸优化问题。为了解决该问题，文献［30］给出了交替最大化和优化最小化（Majorization − Minimization）算法相结合的方法，基于这个方法，整个系统吞吐量明显得到改进。

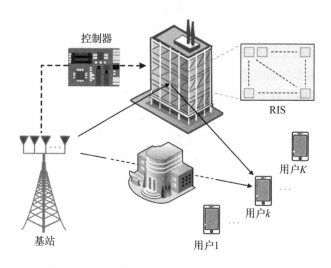

图 1 − 9　RIS 辅助单小区多用户下行传输场景

文献［31］考虑了 RIS 具有有限分辨率相位情况下的能量效率最大化问题。仿真结果表明，与传统的 AF 中继系统相比，即使是 1 比特相位分辨率也能有效提高系统的能量效率。在文献［27］中，报道了在更实际的系统设置下关于能量效率、系统和速率的更为全面的仿真结果。值得注意的是，要实现文中所提出的优化方案，基站需要有完美的 CSI 和 RIS 相位信息来产生并发送波束。

文献［22］和［24］也考虑了单小区下行传输场景，特别关注了主动和被动（Active and Passive）波束成形联合优化设计的问题。具体地说，通过联合优化基站主动发射波束成形和 RIS 被动反射波束成形，在用户信干噪比（Signal to Interference Noise Ratio，SINR）约束下，分析了总发射功率如何最小化问题。利用半定松弛和交替优化技术，很好地解决了这个非凸优化问题[32-35]，并且给出系统性能与计算复杂性之间的折中解。无论 RIS 相移是具有无限还是有限分辨率，都给出了单用户情况下的功率缩放平方律[10]。对于多用户情况，通过主动和被动波束成形的联合优化设计，多用户干扰可以得到消除，系统频谱效率与能量效率也得到显著提升，此外，还初步考虑了 RIS 部署优化的问题。

文献［23］研究了 RIS 辅助单小区多用户下行传输场景，并在基站－RIS 的视距（Line－of－Sight，LoS）信道矩阵秩为 1 或满秩的情况下，分析了使最小用户信干噪比最大化的问题。在 RIS－用户的信道为相关瑞利衰落情况下，提出了一种对 RIS 相移进行优化的算法。对于同样的 RIS 系统，文献［36］则将注意力集中在优化发射波束成形和 RIS 相移上。通过考虑最大化频谱效率，提出了两种算法来联合优化发射波束成形和 RIS 相移。与文献［22］和［23］不同，在基站和 RIS 具有完美的 CSI 的情况下，文献［36］所提出的算法可保证局部最优解。

文献［37］和［38］研究了 RIS 辅助无线系统的物理层安全性。具体来说，文献［37］考虑了存在一个合法接收器和一个窃听器情况下的 RIS 辅助安全通信问题，特别是考虑了联合优化基站主动波束成形和 RIS 被动波束成形，以有效提高安全传输速率。结果表明，与大规模 MIMO 系统相比，增加 RIS 反射单元的数量比增加基站天线数量更为有益。文献［38］考虑了具有多个合法接收器和多个窃听器情况下的下行安全传输问题，分析了联合优化主动和被动波束成形以使最小安全速率最大化的问题，并提出了全局最优算法和低复杂度次优算法。文献［21］分析了更强的窃听信道情况，也通过联合设计基站发射波束成形和 RIS 相位来最大化合法用户的安全传输速率。

尽管涌现了很多关于 RIS 优化设计方面的论文，但通过这些工作可以发现，研究人员在设计 RIS 辅助系统方面考虑的内容主要有：

（1）RIS 分布结构：最初考虑一个 RIS 是为便于分析与设计，但目前越来越多的工作考虑多个 RIS，既考虑 RIS 并行辅助方式，也考虑 RIS 串行辅助场景，至于串并混合复杂情况，也有不少学者涉及。

（2）优化设计目标：除主要考虑最大化传输速率和最小化能量消耗外，还有一些学者从可靠性、安全性及公平性方面来设计和发展优化算法。

（3）被动波束成形：对于 RIS 相移控制，最初考虑连续情况便于推导、分析，但面向实践需要，人们越来越多考虑离散情况，并优化设计出少量量化 RIS 相移值，以达到高精度理想化效果。

（4）信道状态信息：早期人们对 RIS 系统分析与设计是在具有完美信道状态信息 CSI 下进行的，这过于理想化且不符合实践需要，因此纷纷探索各种各样信道估计算法，并在不完美 CSI 下进行主动与被动波束成形优化设计。

4. 信道估计方面进展

RIS 辅助系统获得理想性能的前提是能有精确的 CSI，但是对 RIS 系统信道估计，要克服两个实现障碍：一个是 RIS 反射单元无源的特性；另一个是反射单元数目庞大。因此，对于典型的 RIS 辅助下行传输场景，信道估计要在基站处完成，然后基站将估计出的结果报道给 RIS 处的控制器，控制器再依据所得到的信息调整反射单元相移。在此思路下，文献［39］提出一个基于最小均方误差（Minimum Mean – Square Error，MMSE）的信道估计协议，该协议将总信道估计时间划分为多个时隙。在第一个时隙，所有 RIS 单元转成"OFF"休息状态，基站估计所有用户直连信道的 CSI。在接着的每个时隙里，只有一个反射单元处于"ON"工作状态，而其余的反射单元仍处于"OFF"休息状态，这便于基站获得只与工作单元有关的 CSI。最后基于所有时隙估计的结果，采用 MMSE 估计方法获得传输所需的完整的 CSI。

但当移动用户很多时，文献［39］所提出的方案的信道估计负担就会变得很沉重。为了能减轻 RIS 信道估计负担，一种替换思路是通过逐个激活每个用户方法来完成 CSI 的估计[11]，逐个激活每个用户可使要估计的级联信道分解成一系列单输入多输出为每个用户感知的信道。因此，针对多用户上行传输场景，文献［40］提出一个分三个连续处理阶段的信道估计新方案。通过利用所有用户分享同一个 RIS 到基站间的链路这一事实，所给出的信道估计方案可显著降低所需的导频长度。

对于基站分布大规模天线阵列而多个用户终端分布小规模天线阵列的下行传输场景，文献［41］探讨了采用完全被动 RIS 元件的级联信道估计问题，提出了关于发送端 – RIS 和 RIS – 接收端级联 MIMO 信道估计的一般框架，并给出了一个有三个处理阶段的信道估计方案，这三个处理阶段分别是稀疏矩阵因子分解、歧义消除、矩阵补全[12]。具体来说，第一阶段利用接收信号进行矩阵因子分解，导出基站与 RIS 间信道矩阵和 RIS 与移动用户间信道矩阵；第二阶段利用 RIS 状态矩阵信息排除矩阵在因子分解中存在的歧义性，RIS 状态矩阵信息包含每一时刻所有单元"ON/OFF"信息；第三阶段则利用信道矩阵性质恢复缺失元素的信息。这三个处理阶段分别通过三个算法来完成：双线性广义近似消息传递（Bilinear Generalized Approximate Message Passing）算法、贪婪追踪算法、黎曼流形梯度算法。文献［41］在后续的研究中对所给出的信道估计方案进行了改进，特别将三个处理阶段改成了两个处理阶段[11]。

文献［42］探索了一个基于压缩感知的深度学习信道估计方法，特别是提出了一个基于稀疏信道传感器的新型 RIS 架构：RIS 由两类单元组成，一类是无源的，另一类是有源的。不同于无源单元，RIS 有源单元要连接到控制器的基带处理器上。在 RIS 中使用了少量有源单元就可以简化信道估计处理过程。利用这些有源单元估计的信道信息，通过深度神经网络就可了解所有单元的无线信道状况，进一步地，深度学习可以指导 RIS 学习如何利用主动元件估计的信道信息以最佳方式与输入信号交互。

针对能量收集的 RIS 辅助多发单收的单用户系统，文献［43］提出了一种新的信道估计协议。特别是考虑到 RIS 没有主动元件，为了实现高效的功率传输，给出了主动和被动波束成形近似最优的设计方案。

5. 应用在毫米波通信方面进展

上述关于 RIS 研究诸多进展几乎都集中在传统微波通信上，最近不少学者也开始考虑将 RIS 技术应用在更高频带上，包括无线光通信[44,45]、太赫兹通信[46]、毫米波通信[47-58]。下面将主要介绍 RIS 毫米波通信方面的研究动态。

在毫米波通信中，无论是单用户还是多用户场景、无论是采用单个 RIS 还是多个 RIS、基站无论是采用小规模天线阵列还是大规模天线阵列，均有学者进行探讨。尽管信道模型不同于传统微波频段，但采用的方法和引出结论有很多类似于传统微波通信。目前有关研究主要涉及信道容量与可达速率优化[47-49]、主动和被动波束成形联合设计[50,51]、功率分配与波束成形联合设计[52]、模拟和数字混合波束成形[53,54]、信道估计算法[55]、用户关联（User Association）[56]以及安全传输[57]等内容。

对于 RIS 辅助下的单用户毫米波下行通信系统，文献［50］探讨了主动和被动波束成形联合优化问题，特别是考虑了基站采用多天线、用户采用单天线、多个 RIS 辅助传输的场景。在基站 – RIS 信道采用秩 1 信道模型的情况下，对单个 RIS 辅助情况导出了最优闭式解，而对多个 RIS 辅助情况则给出了接近最优的解析解。随后在文献［51］中对 RIS 反射单元具有低精度相移情景继续探讨系统主动和被动波束成形联合优化问题。分析结果表明，即使在 RIS 反射单元只有低精度相移的情况下，用户接收信号功率仍能随反射单元数目平方成比例地增加。

对于多个 RIS 辅助下的多用户毫米波下行通信系统，文献［52］探讨了功率分配与波束成形联合优化问题。假定基站采用多天线而每个用户只采用单个天线，对基站 – RIS 信道和 RIS – 用户信道均采用秩 1 信道模型，文献［52］中给出了一个新的交替流形优化算法。随后在文献［57］中对多个 RIS 辅助下的毫米波下行单用户通信系统探讨了安全速率最大化问题。假定基站分布多天线而合法用户与窃听者只分布单个天线，基于连续凸逼近和流形优化技术给出了一个交替优化方案。

在文献［53］中，对于单个 RIS 辅助下的多用户毫米波下行通信系统，关注混合波束成形与 RIS 相移联合优化设计，文中也假定基站采用多天线而每个用户只采用单个天线，对基站 – RIS 信道和 RIS – 用户信道均采用常用的几何信道模型后，给出了一个可使均方误差达到最小的迭代优化算法。此外，文献［58］

既考虑 RIS 辅助也考虑 ITS（Intelligent Transmitting Surface）辅助的毫米波大规模 MIMO 系统架构，利用毫米波信道的稀疏性提出了两个有效的预编码方案。

1.3　6G 潜在应用

1.3.1　高频通信

1.3.1.1　毫米波和太赫兹通信

高频毫米波和太赫兹是 6G 潜在工作频段，高频信号最明显的特征就是路径损耗较大，受障碍物遮挡、雨雪天气、环境吸收等影响较大。依据 3GPP TR 38.901 无线信道损耗模型，同等条件下 28 GHz 毫米波信号的路径传输损耗比 3.5 GHz 信号的路径损耗增大约 18 dB。对于低频毫米波信号而言，混凝土和红外反射玻璃材质的障碍物几乎无法穿透，树叶、人体、车体等障碍物对低频毫米波信号的穿透损耗均在 10 dB 以上，过大的穿透损耗将导致覆盖范围内受遮挡区域的通信质量发生显著恶化，只有在普通玻璃和木门等少数材质障碍物条件下，低频毫米波信号的穿透损耗可能会大于 5 dB 小于 10 dB，但仍然会导致覆盖范围内受遮挡区域的通信质量严重下降。而对于高频毫米波和太赫兹频段，障碍物会对无线信号造成数十分贝的传播损耗[59]。

为克服高频通信严重的路径损耗，基站和终端用户通常配备大规模天线阵列，以实现高增益的定向传输。强指向性的波束和高频信道的稀疏性导致信道矩阵存在秩亏问题。在极端的强视距传播场景下，信道秩甚至会降至 1，无法发挥多天线系统的空间复用增益。为解决高频通信的信道秩亏问题，可在基站和终端用户之间部署分布式智能超表面，利用智能超表面的信道定制能力，灵活塑造秩可调的信道矩阵，提升系统空间复用能力。未来，随着超材料天线的应用推广，智能超表面设备形态更加丰富多样，例如建筑物外墙装饰层，低成本、低功耗、易部署的智能超表面设备将为高频通信提供有效的补充和延伸。

1.3.1.2　可见光通信

可见光通信技术虽然发展迅速，但是也面临着一些亟待解决的关键问题，通过利用 RIS 技术，可以有效提高可见光通信网络的性能。

1. 反射 RIS 辅助大规模接入可见光通信

在可见光通信系统中，在收发端之间除视距链路外，通过部署智能超表面，形成反射链路并实现对波束进行动态按需调控，可增强接收信号质量，提升通信容量，减少多用户通信之间的信号干扰[60]，如图 1－10 所示。

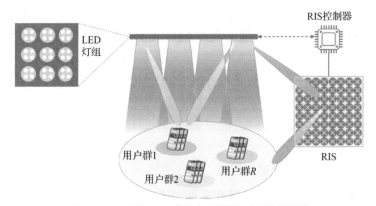

图 1－10　反射 RIS 辅助大规模接入可见光通信

2. 透射 RIS 辅助可见光通信

透射 RIS 可加在 LED 信号发射端以及信号接收端，如图 1－11 和图 1－12 所示，基于液晶或智能透镜材料设计的 RIS，可以灵活调控信号方向，减少干扰信号的影响[61,62]。而同时支持透射和反射能力的 RIS 阵面，可为非正交多址接入技术更好地在可见光通信中发挥作用提供有利条件，有效提高通信系统总的通信容量。

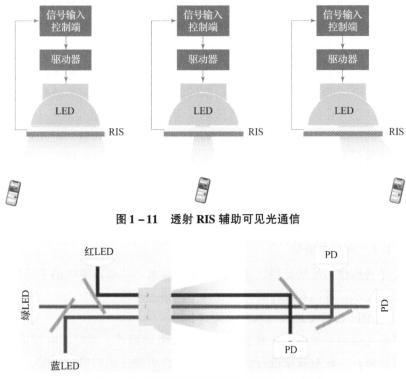

图 1－11　透射 RIS 辅助可见光通信

图 1－12　透射 RIS 辅助波分复用可见光通信

1.3.2　空间通信

非地面网络（Non Terrestrial Network，NTN）空间通信是地面蜂窝通信技术的重要补充，利用卫星通信网络与地面 5G 及 6G 网络进行深度的融合，从而不受地形地貌的限制提供无处不在的覆盖能力，尤其是传统地面网络极难到达的地区，对实现空、天、地、海多维空间的一体化网络连通具有重要的现实意义[63]。

1.3.3　物联网

RIS 在物联网（Internet of Things，IoT）环境下有广泛的应用前景。例如，利用 RIS 建立虚拟卸载链路，可以提高卸载链路信道增益，从而将更多的数据卸载到边缘服务器，使数据可以得到更高效的处理。

除此之外，RIS 还能够同时增强多小区物联网中服务基站收集的信号，以减少大规模物联网设备之间的小区间干扰。将 RIS 集成到 6G 物联网应用中，如智能建筑，可以帮助建立室内和室外实体之间的接口，促进智能建筑中私人家庭的访问。将 RIS 集成到用于监视和远程健康监测的人体姿势识别系统中，通过对 RIS 的状态进行周期性调控，相对于随机配置和不可配置的环境，系统可以获得最优的传播链路，从而创建多个独立路径，积累人体姿态的有用信息，从而更好地估计人体姿态。

1.3.4　无线边缘计算

在未来新型应用诸如虚拟现实（Virtual Reality，VR）中，计算量需求较大的图片或视频处理任务需要实时处理。由于 VR 设备有限的功率和硬件支持能力，这些任务一般很难在本地执行。为了解决这个问题，VR 设备可以将这些计算量较大的任务卸载到网络的边缘计算节点以辅助其计算。然而，对于一些特殊场景，VR 设备和边缘节点之间会出现直射链路信道质量差的情况，导致任务上传速率慢，从而带来较大的卸载时延。为了解决这个问题，可以将 RIS 安装在 VR 设备和边缘节点之间的合适位置[64]，从而提高卸载信道质量和降低卸载时延，如图 1-13 所示。

1.3.5　物理层安全

由于无线传输的广播特性，无线传输容易受到安全的威胁，比如恶意攻击或安全信息泄露等。传统的安全通信技术采用上层的加密通信协议来保证传输安全。然而，该方案需要较复杂的安全密钥交换和管理协议，增加了通信时延和系统复杂度。而物理层安全技术可以避免复杂的密钥交换协议，受到了广泛的关

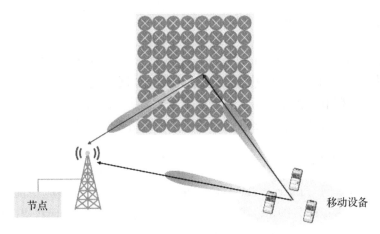

图 1-13　RIS 赋能的无线边缘计算

注。为了最大化安全速率，一般采用人工噪声或者波束赋形的技术。然而，当合法用户和窃听用户在相同传播方向时，仅采用以上两个技术的系统性能会受限。为了解决这个问题，可以在网络中部署 RIS[65,66]。通过合理地优化基站预编码和 RIS 的反射系数，经过 RIS 的反射信号可以在合法用户端得到增强，同时在窃听用户处得到衰减，如图 1-14 所示。

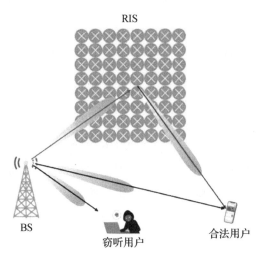

图 1-14　RIS 赋能的物理层安全

1.3.6　频谱感知与共享

　　频谱感知技术是指在基于机会接入或感知增强的频谱共享网络中，次级用户对目标授权频段的数据进行检测与采集，利用不同的检测技术对授权频段是否有信号占用进行判断，以实现对频谱空洞的探知并实时共享主用户频谱的技术。主要的频谱感知技术有能量检测、匹配滤波检测、特征值检测、循环平稳特征检测等。在 RIS 辅助的频谱共享网络中，共有三种接入机制使多个频谱共享用户共存，分别为基于功率控制的频谱共享、基于机会接入的频谱共享及基于感知增强的频谱共享。其中，由于基于功率控制的频谱共享网络内缺少频谱感知的过程，难以保障主网络的服务质量。因此，基于频谱感知的另两种接入机制成为 RIS 辅助频谱共享网络的首选。

在 RIS 辅助的频谱感知中，通过动态调整 RIS 相位，可增强来自主用户的信号，从而提升次级用户的接收信噪比，实现高精度的频谱感知。文献［67］证明 RIS 辅助的频谱感知能有效提升在能量检测算法下单用户频谱感知、多用户频谱感知以及分集接收的平均检测概率。此外，RIS 辅助的频谱感知可有机结合于频谱共享网络，实现频谱感知精确度与信息传输性能的协同提升，进一步提升 RIS 辅助的频谱共享网络的频谱效率[68]。

频谱共享网络通常指在同一频段下有多种通信网络共存，包括获得（频谱管理委员会、电信运营商等）授权的主用户通信网络和接入权限较低的次级用户网络。RIS 的可重构信道特性有利于缓解主用户收发机和次级用户收发机之间的干扰问题，从而提升整个系统的频谱效率。一种典型的 RIS 辅助的频谱共享网络如图 1 - 15 所示，在主、次用户的下行通信中，对于主用户接收机，RIS 引入的反射信道既能增强来自主用户发射机的有用信号，也能抑制来自次级用户发射机的干扰信号；而对于次级用户接收机，RIS 引入的反射信道既能增强来自次级用户发射机的有用信号，也能抑制来自主用户发射机的干扰信号。

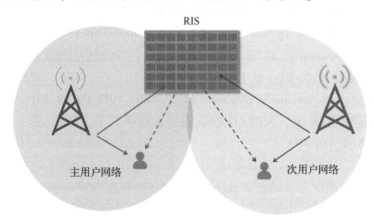

图 1 - 15 RIS 辅助的频谱共享网络示意图

RIS 辅助的频谱共享网络可应用到多种场景，例如，美国 3.5 GHz 的公民宽带无线电业务（CBRS）频段，以及 3GPP 的 LTE - U、NR - U 等频谱共享技术标准。美国3.5 GHz 的 CBRS 频段允许多运营商共存，等同于多种主用户网络与次级网络共存，提高了次级用户的接入要求，即需要不干扰多种主用户网络的正常通信。在该场景中，RIS 反射系数以及部署位置的设计可有效降低次级用户发射机对多种主用户接收机的干扰，同时还能提高次级用户的通信速率[69-73]。3GPP 提出的 LTE - U 或 NR - U 通常在5 GHz 和60 GHz 免认证频段上以相同的优先权与 Wi - Fi 技术竞争接入机会，等价于同一频段下有多种次级网络共存，RIS 反射系数、部署位置等参数的调整可提升多种次级网络的整体频谱效率[70-72]。RIS 和频谱共享技术都具有部署灵活的特性，这有利于在实际系统中低成本和高弹性地应用 RIS 辅助的频谱共享网络，适应未来复杂多变的通信场景。

参 考 文 献

[1] IMT - 2030(6G)推进组. 6G 网络架构愿景与关键技术展望白皮书[R/OL]. [2021 - 09 - 16]. https://www. imt2030. org. cn.

[2] 未来移动通信论坛. 6G 总体白皮书[R/OL]. [2022 - 03 - 24]. http://www. future - forum. org. cn.

[3] IMT - 2030(6G)推进组. 超大规模天线技术研究报告[R/OL]. [2021 - 09 - 17]. https://www. imt2030. org. cn.

[4] IMT - 2030(6G)推进组. 无线人工智能技术研究报告[R/OL]. [2021 - 09 - 17]. https://www. imt2030. org. cn.

[5] Ait Aoudia F, Hoydis J. End - to - end learning for OFDM: From neural receivers to pilotless communication[J]. arxiv:2009. 05261, 2020.

[6] Basar E, Di Renzo M, De Rosny J, et al. Wireless communications through reconfigurable intelligent surfaces[J]. IEEE Access, 2019, 7(1):116753 - 116773.

[7] Hu J, Zhang H, Di B, et al. Reconfigurable intelligent surfaces based RF sensing: Design, optimization, and implementation[J]. arxiv:1912. 09198, 2019.

[8] 齐峰, 岳殿武, 孙玉. 面向 6G 的智能反射面无线通信综述[J]. 移动通信, 2022, 46(4):65 - 73.

[9] Liaskos C, Nie S, Tsioliaridou A, et al. A new wireless communication paradigm through software - controlled metasurfaces[J]. IEEE Communication Magazine, 2018, 56(9):162 - 169.

[10] Wu Q, Zhang R. Towards smart and reconfigurable environment: Intelligent reflecting surfaces aided wireless network[J]. IEEE Communication Magazine, 2019, 58(1):106 - 112.

[11] Yuan X, Zhang Y J, Shi Y, et al. Reconfigurable – intelligent – surfaces empowered 6G wireless communications: Challenges and opportunities [J]. IEEE Wireless Communications, 2021, 28(2): 136 – 143.

[12] Zhao J. A survey of reconfigurable intelligent surfaces: Towards 6G wireless communication networks with massive MIMO2. 0[J]. arxiv: 1907. 04789, 2019.

[13] Renzo M D, Debbah M, Phan – Huy D T, et al. Smart radio environments empo wered by reconfigurable AI meta – surfaces: An idea whose time has come[J]. EURASIP Journal on Wireless Communications and Networking, 2019, 2019 (1): 1 – 20.

[14] ElMossallamy M A, Zhang H, Song L, et al. Reconfigurable intelligent surfaces for wireless communications: Principles, challenges, and opportunities[J]. IEEE Transaction on Cognitive Communication Networks, 2020, 6(3): 990 – 1002.

[15] Qian X, Di Renzo M, Liu J, et al. Beamforming through reconfigurable intelligent surfaces in single – user MIMO systems: SNR distribution and scaling laws in the presence of channel fading and phase noise [J]. IEEE Communication Letters, 2020, 17(5): 23 – 25.

[16] Li L, Ruan H, Liu C, et al. Machine – learning reprogrammable metasurface image [J]. Nature Communication, 2019, 10(1): 1 – 8.

[17] Hu J, Zhang H, Di B, et al. Reconfigurable intelligent surfaces based radio – frequency sensing: Design, optimization, and implementation[J]. IEEE Journal on Selected Areas in Communications, 2020, 38(11): 2700 – 2716.

[18] Hu S, Rusek F, Edfors O. Beyond massive MIMO: The potential of data transmission with large intelligent surfaces[J]. IEEE Transactions on Signal Processing, 2018, 66(10): 2746 – 2758.

[19] Hu S, Rusek F, Edfors O. Beyond massive MIMO: The potential of positioning with large intelligent surfaces[J]. IEEE Transactions on Signal Processing, 2018, 66 (7): 1761 – 1774.

[20] Basar E. Transmission through large intelligent surfaces: A new frontier in wireless communications[C]. European Conference on Networks and Communications, Valencia, Spain, 2019: 112 – 117.

[21] Cui M, Zhang G, Zhang R. Secure wireless communication via intelligent reflecting surface[J]. IEEE Wireless Communications Letters, 2020, 8(5): 1410 – 1414.

[22] Wu Q, Zhang R. Intelligent reflecting surface enhanced wireless network via joint

active and passive beamforming[J]. IEEE Transactions on Wireless Communications,2019,18(11):5394 – 5409.

[23] Nadeem Q U,Kammoun A,Chaaban A,et al. Asymptotic analysis of large intelligent surface assisted MIMO Communication [J]. arxiv:1903. 08127v2,2019.

[24] Wu Q,Zhang R. Beamforming optimization for intelligent reflecting surface with discrete phase shifts[C]. International Conference on Acoustics,Speech and Signal Processing,Brighton,United Kingdom,2019:7830 – 7833.

[25] Han Y,Tang W,Jin S,et al. Large intelligent surface assisted wireless communication exploiting statistical CSI[J]. IEEE Transactions on Vehicular Technology,2019,68(8):8238 – 8242.

[26] Basar E. Reconfigurable intelligent surfaces – based index modulation:A new beyond MIMO paradigm for 6G[J]. IEEE Transactions on Communications,2020,68(5):3187 – 3196.

[27] Huang C,Zappone A,Alexandropoulos GC,et al. Reconfigurable intelligent surfaces for energy in wireless communication[J]. IEEE Transactions on Wireless Communications,2019,18(8):4157 – 4170.

[28] Björnson E,Özdogan Ö,Larsson EG. Intelligent reflecting surface vs. decode – and – forward:How large surfaces are needed to beat relaying? [J]. IEEE Wireless Communications Letters,2020,9(2):244 – 248.

[29] Huang C,Zappone A,Debbah M,et al. Achievable rate maximization by passive intelligent mirrors[C]. International Conference on Acoustics,Speech and Signal Processing,Calgary,Alberta,Canada,2018:3714 – 3718.

[30] Sun Y,Babu P,Palomar D P. Majorization – minimization algorithms in signal processing,communications,and machine learning[J]. IEEE Transactions on Signal Processing,2016,65(3):794 – 816.

[31] Huang C,Alexandropoulos G C,Zappone A,et al. Energy efficient multi – user MISO communication using low resolution large intelligent surface[C]. IEEE Globecom Workshops,Abu Dhabi,United Arab Emirate,2018:1 – 6.

[32] Luo Z Q,Yu W. An introduction to convex optimization for communications and signal processing[J]. IEEE Journal on Selected Areas in Communications,2006,24(8):1426 – 1438.

[33] Luo Z Q,Ma W K,So A M,et al. Semidefinite relaxation of quadratic optimization problems[J]. IEEE Signal Processing Magazine,2010,27(3):20 – 34.

［34］So AM,Zhang J,Ye Y. On approximating complex quadratic optimization problems via semidefinite programming relaxations［J］. Mathematical Programming,2007, 110(1):93 – 110.

［35］Frieze A,Jerrum M. Improved approximation algorithms for MAX k – CUT and MAX BISECTION［J］. Algorithmica,1997,18(1):67 – 81.

［36］Yu X,Xu D,Schober R. MISO wireless communication systems via intelligent reflecting surface［C］. IEEE International Conference on Communications in China,ChangChun,China,2019:735 – 740.

［37］Yu X,Xu D,Schober R. Enabling secure wireless communications via intelligent reflecting surfaces［C］. IEEE Global Communications Conference,Waikoloa,HI, USA,2019:1 – 6.

［38］Chen J,Liang YC,Pei Y,et al. Intelligent reflecting surfaces:A programmable wireless environment for physical layer security［J］. IEEE Access,2019,7: 82599 – 82612.

［39］Nadeem Q U,Kammoun A,Chaaban A,et al. Intelligent reflecting surface assisted wireless communication:Modeling and channel estimation［J］. arxiv: 1906. 02360v2,2019.

［40］Wang Z,Liu L,Cui S. Channel estimation for intelligent reflecting surfaces assisted multiuser communications:Framework,algorithms,and analysis［J］. IEEE Transactions on Wireless Communications,2020,19(10):6607 – 6620.

［41］He ZQ,Yuan X. Cascaded channel estimation for large intelligent metasurface assisted massive MIMO［J］. IEEE Wireless Communications Letters,2020,9 (2):210 – 214.

［42］Taha A,Alrabeiah M,Alkhateeb A. Enabling large intelligent surfaces with compressive sensing and deep learning［J］. IEEE Access,2021(9):44304 – 44321.

［43］Mishra D,Johansson H. Channel estimation and low – complexity beamforming design for passive intelligent surface assisted wireless energy transfer［C］. International Conference on Acoustics,Speech and Signal Processing,Brighton,United Kingdom,2019:4659 – 4663.

［44］Najafi M,Schober R. Intelligent reflecting surfaces for free space optical communications［J］. IEEE Transactions on Communications,2021,69(9):6134 – 6151.

［45］Valagiannopoulos C,Tsiftsis TA,Kovanis V. Metasurface enabled interference suppression at visible – light communications［J］. Journal of Optics,2019,21

(11):115702.

[46] Ning B, Chen Z, Chen W, et al. Channel estimation and transmission for intelligent reflecting surface assisted THz communications[C]. IEEE International Conference on Communications, Dublin, Ireland, 2020:1 - 7.

[47] Yashuai C, Tiejun L, Wei N. Intelligent reflecting surface aided multi - user millimeter - wave communications for coverage enhancement[C]. IEEE International Symposium on Personal, Indoor and Mobile Radio Communications, London, United Kingdom, 2020:1 - 6.

[48] Guo H, Liang Y C, Chen J. Weighted sum rate optimization for intelligent reflecting surface enhanced wireless networks[J]. arxiv:1905. 07920v1, 2019.

[49] Perović N S, Di Renzo M, Flanagan M F. Channel capacity optimization using reconfigurable intelligent surfaces in indoor mmWave environments[C]. IEEE International Conference on Communications, Dublin, Ireland, 2020:1 - 7.

[50] Wang P, Fang J, Yuan X, et al. Intelligent reflecting surface - assisted millimeter wave communications:Joint active and passive precoding design[J]. IEEE Transactions on Vehicular Technology, 2020, 69(12):14960 - 14973.

[51] Wang P, Fang J, Li H. Joint beamforming for intelligent reflecting surface - assisted millimeter wave communications[J]. arxiv:1910. 08541v1, 2019.

[52] Xiu Y, Zhao Y, Liu Y, et al. IRS - assisted millimeter wave communications:Joint power allocation and beamforming design[C]. IEEE Wireless Communications and Networking Conference Workshops, Nanjing, China, 2021:1 - 6.

[53] Pradhan C, Li A, Song L, et al. Hybird precoding design for reconfigurable intelligent surfaces aided mmWave communication systems[J]. IEEE Wireless Communications Letters, 2020, 9(7):1041 - 1045.

[54] Ying K, Gao Z, Lyu S, et al. GMD - based hybrid beamforming for large reconfigurable intelligent surface aided millimeter - wave massive MIMO[J]. IEEE Access, 2020(8):19530 - 19539.

[55] Wang P, Fang J, Duan H, et al. Compressed channel estimation for intelligent reflecting surface - assisted millimeter wave systems[J]. IEEE Processing Letters, 2020(27):905 - 909.

[56] Zhao D, Lu H, Wang Y, et al. Joint passive beamforming and user association optimization for IRS - assisted mmWave systems[C]. IEEE Conference and Exhibition on Global Telecommunications, Taipei, China, 2020:1 - 6.

［57］Xiu Y,Zhao J,Yuen C,et al. Secure beamforming for distributed intelligent reflecting surfaces aided mmWave systems［J］. arxiv:2006. 14851,2020.

［58］Jamali V,Tulino AM,Fischer G,et al. Intelligent reflecting and transmitting surface aided millimeter wave massive MIMO［J］. IEEE Open Journal of the Communications Society,2020,2(1):144 – 167.

［59］智能超表面技术联盟. 智能超表面技术白皮书［R/OL］. ［2023 – 02 – 09］. https://www. risalliance. com.

［60］余礼苏,刘超良,钱佳家,等. 面向 6G 基于 HDMA 的高速大容量可见光通信系统构建与优化［J］. 江西通信科技,2023(4):9 – 15.

［61］Abumarshoud H,Mohjazi L,Dobre OA,et al. LiFi through reconfigurable intelligent surfaces:A new frontier for 6G? ［J］. IEEE Vehicular Technology Magazine,2021,17(1):37 – 46.

［62］Ndjiongue A R,Ngatched T M,Dobre O A,et al. Design of a power amplifying – RIS for free – space optical communication systems［J］. IEEE Wireless Communications,2021,28(6):152 – 159.

［63］冯骥. NTN 非地面网络技术及其产业分析［J］. 卫星电视与宽带多媒体,2021(11):31 – 32.

［64］Bai T,Pan C,Deng Y,et al. Latency minimization for intelligent reflecting surface aided mobile edge computing［J］. IEEE Journal on Selected Areas in Communications,2020,38(11):2666 – 2682.

［65］Cui M,Zhang G,Zhang R. Secure wireless communication via intelligent reflecting surface［J］. IEEE Wireless Communications Letters,2019,8(5):1410 – 1414.

［66］Hong S,Pan C,Ren H,et al. Artificial – noise – aided secure mimo wireless communications via intelligent reflecting surface［J］. IEEE Transactions on Communications,2020,68(12):7851 – 7866.

［67］Wu W,Wang Z,Yuan L,et al. IRS – enhanced energy detection for spectrum sensing in cognitive radio networks［J］. IEEE Wireless Communications Letters,2021,10(10):2254 – 2258.

［68］Wu W,Wang Z,Zhou F,et al. Joint sensing and transmission optimization in IRS – assisted CRNs:Throughput maximization［C］. IEEE Global Communications Conference,Rio de Janeiro,Brazil,2022:2438 – 2443.

［69］Yan W,Yuan X,He ZQ,et al. Passive beamforming and information transfer design for reconfigurable intelligent surfaces aided multiuser MIMO systems［J］. IEEE

Journal on Selected Areas in Communications,2020,38(8):1793 – 1808.

[70]Tian Z,Chen Z,Wang M,et al. Reconfigurable intelligent surface empowered optimization for spectrum sharing:Scenarios and methods[J]. IEEE Vehicular Technology Magazine,2022,17(2):74 – 82.

[71]Yuan J,Liang YC,Joung J,et al. Intelligent reflecting surface – assisted cognitive radio system[J]. IEEE Transactions on Communications,2021,69(1):675 – 687.

[72]Zhang L,Wang Y,Tao W,et al. Intelligent reflecting surface aided MIMO cognitive radio systems[J]. IEEE Transactions on Vehicular Technology,2020,69(10):11445 – 11457.

[73]Guan X,Wu Q,Zhang R. Joint power control and passive beamforming in IRS – assisted spectrum sharing[J]. IEEE Communications Letters,2020,24(7):1553 – 1557.

第2章

智能超表面：技术溯源与工作原理

智能超表面突破了传统通信系统只能被动适应无线信道环境的局限，本章对智能超表面的历史发展、基本工作原理、核心器件、工作模式进行了介绍，说明了智能超表面对无线环境智能控制的机理。

2.1　工作原理

RIS 的典型工作架构如图 2-1 所示，通常由 RIS 元件阵列与一个控制器组成，控制器可对每个 RIS 元件进行独立调控，由此实现对无线环境的智能控制。可以通过分布在整个 RIS 表面的 PIN 二极管、场效应管或者其他的微机电系统（Micro-Electro-Mechanical System，MEMS）的适当配置来控制信号的电磁响应。以 PIN 二极管为例，控制器调控偏置电压，改变 PIN 二极管的 ON/OFF 状态，可以改变入射信号的相位、幅度、频率，甚至极化方向。本节以一个现场可编程逻辑门阵列控制器（Field Programmable Logic Gate Array Controller，FPGA）控制的基于相位调控的 RIS 为例介绍其工作原理。

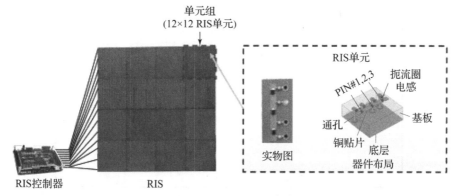

图 2-1　RIS 的典型工作架构

图 2 – 1 所示的电调制 RIS 由一个电控 RIS 元件的二维阵列与一个控制器组成。每个 RIS 元件由 4 块矩形铜片组成，印在介电基底（Rogers 3010）上，任意两个相邻的铜片由 PIN 二极管连接，每个 PIN 二极管有两个工作状态，即 ON 和 OFF，这两个工作状态由通孔上施加的偏压控制。具体地说，当施加的偏置电压为 3.3 V（或 0 V）时，PIN 二极管处于开（或关）状态。由于一个 RIS 元件有 3 个 PIN 二极管，所以一个 RIS 元件可能的状态总数为 8。此外，为了隔离直流输入端口和微波信号，在每个 RIS 元件中使用了 4 个 30 nH 扼流圈电感。

RIS 元素被分成 16 组，因此每组包含 12 × 12 个正方形排列的相邻 RIS 单元。同一组中的 RIS 单元处于相同的状态。16 组的状态由 RIS 控制器控制，该控制器由一个 FPGA 实现。具体来说，使用 FPGA 上的扩展端口来控制 RIS 的帧配置，每三个扩展端口通过在 PIN 二极管上施加偏置电压控制一组器件的状态。此外，FPGA 还可以预加载根据需要设计的 RIS 相移配置序列矩阵，利用 FPGA 的控制自动改变 RIS 的配置。

2.2　部署形式

在如图 2 – 2 所示的智能无线电环境中，可以使用一个或多个 RIS 以有利于系统整体性能的方式影响无线传播。例如，通过波束成形或通过影响信道秩和条件数来增加接收功率，并促进空间多路复用。本质上，任何能够通过软件可控制

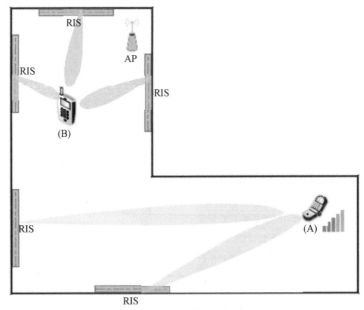

图 2 – 2　多个 RIS 智能调控无线电环境

的方式操纵入射电磁波，并且可以在信道条件变化时动态地重新配置的无源表面，都可以称为 RIS。在文献［1］中研究了两种 RIS 主要的部署形式：一种是基于传统的反射阵列；另一种是基于超表面。无论实现方式如何，RIS 都应该是被动的。特别是，它不释放自己的任何能量，只是为了操纵现有的传输波。在这方面，RIS 类似于后向散射技术，但不同于继电器，在本节中将详细阐述这两种 RIS 部署。

2.2.1　基于反射阵列的部署

实现 RIS 的最简单方法是使用无源反射阵列，其元件的天线终端可以通过电子控制对入射信号进行后向散射和相移，如图 2 - 3 所示。单一元件对传播波的影响非常有限，但大量的元件能够以可控的方式有效地反射和操纵入射波。为了达到应有的效果，基于反射阵列的部署将需要大量的天线元件，多则可能会用到数千个[2]。

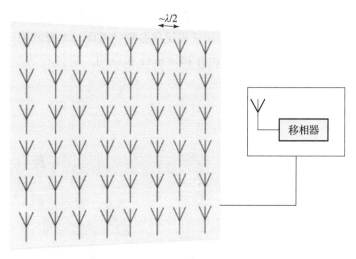

图 2 - 3　基于反射阵列的 48 单元 RIS

基于反射阵列的 RIS 中的每个元素都类似于后向散射通信应用中的标签。然而，二者有两个主要的区别：一是在后向散射通信中，反射器件用于和接收器传输信息，而在 RIS 辅助的通信场景中，RIS 的目的只是帮助正在进行的传输，而不传输自己的信息；二是 RIS 的大小和规模，虽然基于反射阵列的 RIS 中的单个元素类似于后向散射标签，但基于传播环境的知识，RIS 的元素在一个非常大的区域内共同工作，从而对入射波产生显著的更有效的影响。

基于反射阵列的 RIS 可以被视为在可以利用的有利位置为通信终端提供强大的集中式模拟波束成形的器件，其相当于将复杂性转移到了 RIS 和控制器，从而简化了发射机和接收器。基于反射阵列的 RIS 中，每个元素的尺寸与波长相当（如波长的一半），并且单独作为漫射散射体。

2.2.2 基于超材料的部署

2.2.2.1 超材料概述

超材料（Metamaterial）于 1968 年被提出，并在近 20 年间受到广泛关注。其英文单词中的前缀 meta 是超越、超过的意思，表示超材料具备自然界材料所不具备的特性。超材料的"超"并非归因于构成材料本身，而是因为新颖的结构赋予其超越自然材料的能力和范畴。超材料被广泛用于光学、声学、热学、电磁学、结构力学等领域。

超材料是指亚波长尺度单元按一定的宏观排列方式形成的人工复合电磁结构，因而也被称为人工电磁媒质。超材料由按照一定规则（周期或非周期）排列的人工微结构组成，这些微结构由介质或介质＋金属等材料构成，并具有亚波长尺寸（0.1~0.5 波长）。由于其基本单元和排列方式都可任意设计，因此能构造出传统材料与传统技术不能实现的超常规媒质参数，进而对电磁波进行高效灵活调控，实现一系列自然界不存在的新奇物理特性和应用。超材料的原理如图 2－4 所示。

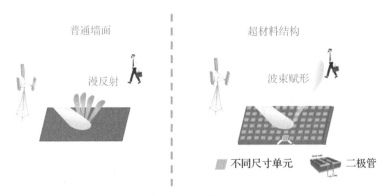

图 2－4 超材料的原理

起初，超材料的设计遵循等效媒质理念，最早提出的超材料具备负折射率、负多普勒等特性，可用于雷达隐身等场景，在电磁学和材料学的发展过程中具有重要意义。然而，等效媒质超材料属于三维结构，厚度大且不易加工，在工程应用中有很大的局限性。随后，超材料的概念被增广和扩充，其他人工结构也被纳入超材料的范畴。特别地，超表面（Metasurface）是由亚波长平面单元组成的二维结构，与早期的等效媒质超材料相比，具有低剖面、低成本、易加工的优点，因而在电磁领域吸引了大量关注并得到广泛应用。传统的电磁带隙结构

（Electromagnetic Band Gap，EBG）、频率选择表面（Frequency Selective Surface，FSS）以及人工磁导体（Artificial Magnetic Conductor，AMC）等也属于广义的超表面范畴。

　　然而，传统超材料通过对单元结构参数的调整达到控制电磁波的目的，在制备完成后，其功能即被固化，无法根据需求做二次调整。而且传统的超材料和超表面都是基于连续变化的媒质参数，很难实时地操控电磁波。2014 年，东南大学崔铁军院士团队在国际上首次提出"数字编码与可编程超材料"的"数字超材料"概念，采用二进制数字编码来表征超材料的思想，通过改变数字编码单元"0"和"1"的空间排布来控制电磁波，并展示了第一块现场可编程超材料，借助 FPGA 输出序列调整超表面单元内部二极管开关的通断，在物理空间实现对电磁波的直接调控[3]，开创了数字可编程超材料研究的先河，并在国际上引发大量关注。这一概念的提出不仅简化了超材料的设计难度和优化流程，构建了超材料由物理空间通往数字空间的桥梁，使人们能够从信息科学的角度来理解和探索超材料，更重要的是，超材料的数字化编码表征方式非常有利于结合一些有源器件，在 FPGA 等电路系统的控制下实时地数字化调控电磁波，动态地实现多种完全不同的功能。

　　之后，变容管、三极管、MEMS、液晶、石墨烯、相变材料等被引入超表面研究，调控手段得以进一步丰富，实现了对电磁波幅度、相位、极化等状态的灵活调控。随后，崔铁军院士在融合信息、电子、材料等科学的基础上提出了信息超材料的概念，将超材料的研究由单纯的空间编码拓展至空间 – 时间 – 频率等多域联合编码，并应用于对空间电磁信息的直接调制[4,5]。该系列工作开创了连接数字世界与物理世界的新范式，并为基于信息超材料的下一代无线通信系统研究做了基础性和前瞻性铺垫，具有里程碑意义。

　　2021 年 7 月，中国移动携手东南大学电磁空间科学与技术研究院率先在 5G 现网完成智能超表面技术实验。结果表明，智能超表面可根据用户分布灵活地调整无线环境中的信号波束，显著改善现网弱覆盖区域的信号强度、网络容量和用户速率，预示了信息超材料技术在未来无线通信中的广泛应用前景。

2.2.2.2　基于超表面的 RIS

　　超表面是超材料的二维平面特例，由大量紧密相间的深亚波长共振结构组成，称为粒子或元原子。每个元原子的尺寸和其之间的空间都比波长小得多。这些紧密排列的原子的极小尺寸以及它们的大量数量，在操纵入射电磁波方面提供了大量的自由度，从而允许对入射波进行灵活的控制。具体来说，通过对其元原子的精心设计，超表面可以对反射波施加任意的振幅和相位轮廓；此外，超表面可以改变偏振并作为准直透镜。

早期的超表面设计是基于静态预设的元原子设计，在制造后不能进行修改，这足以为光学应用定制透镜。然而，后来的设计依赖半导体组件，它可以实时重新配置，以改变底层的元原子结构，从而改变超表面的电磁行为。这些可重构性是通过集成可以通过电、机械甚至热来调节的组件来实现的，其中，电动可调谐超表面因为可以使用通用的半导体技术廉价制造而更有吸引力。例如，通过在元原子中使用二极管来合并变容器。这种动态可调性在无线应用程序中是至关重要的，因为其可以适应不断变化的信道环境。

一个基于超表面的 RIS 由许多电磁片单元组成，其中每个电磁片单元都是一个单独的可重构的超表面，其尺寸比波长大得多，如图 2 - 5 所示。从某种意义上说，基于超表面的 RIS 中的每个单元本身都具有类似于关系集的功能，这使在操纵入射波时有很大程度的灵活性。例如，每个电磁片单元都可以在不同的方向反射入射波。然而，以有用的方式利用这些能力来实现整个系统的显著性能收益将是非常具有挑战性的。

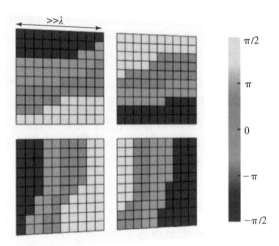

图 2 - 5　基于超表面的 4 单元 RIS

2.3　工作模式

目前学术研究多从理想假设出发，主要关注 RIS 辅助通信系统的理论性能上界。而实际部署需要综合考虑量化误差、处理复杂度、计算能力、系统开销等多种实际因素，因此，从静态到动态，逐步实现逼近理论上界的智能调控的 "三步走" 工作模式更符合一般部署节奏。根据反射波束调节的灵活程度，可将 RIS 的工作模式分成三种，如图 2 - 6 所示，包括静态/半静态工作模式、信道透明的动态工作模式和信道非透明的智能工作模式[6]。

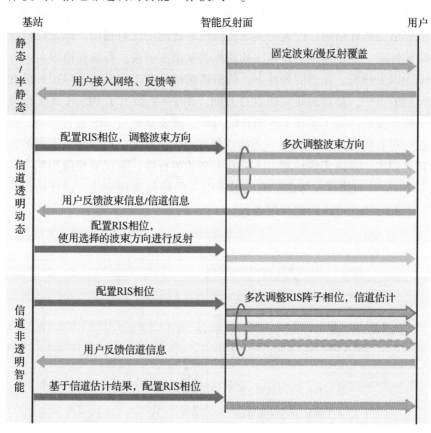

图 2-6 RIS 三种工作模式

1. 静态/半静态工作模式

初期阶段，可以令反射波束固定不变，或者间隔很长一段时间进行相位调节。该工作模式适用于覆盖较小或完全遮挡的区域，需要依靠反射面接入网络，具有控制简单、部署迅速等优势。但是，由于覆盖方向在一定时间内是固定不变的，无法针对用户进行波束赋形，不能针对信道的实时变化做出最优的波束响应。

2. 信道透明的动态工作模式

在该阶段，反射相位调节过程无须信道信息，RIS 使用多个已知的波束方向（例如码本）进行调整，用户通过信道质量的测量，反馈对应最佳波束方向的相关信息，基站将反射面配置为所选择的波束方向。该工作模式具有无须小尺度信道信息、可选波束方向较为固定、控制指示开销较小等优点，但多次调整波束会带来较大的系统开销。

3. 信道非透明的智能工作模式

在该阶段，基站配置反射面的相位，多次调整反射单元相位进行信道估计，基站根据信道估计结果，配置与实际传输信道适配的反射相位。该工作模式可以获得最优性能，但是信道估计算法和流程的复杂度很高，系统开销很大。

基于以上分析，在当前条件下，信道透明的动态工作模式可以很好地获得性能和开销的折中，是目前研究的重点方向。图 2-7 给出了 RIS 在该工作模式下的基本传输流程。为了实现 RIS 的智能可调，需要基站对 RIS 进行控制，控制方式可以通过有线连接、IP 路由、无线连接和自主感知等。综合考虑部署的灵活性和功耗等因素，基站无线控制 RIS 具有更高的可行性，真正实现随用随部署。现阶段基于 Uu 接口协议，考虑智能反射面引入的操作流程变化，设计协议流程和信令，有利于加速 RIS 落地商用进程。

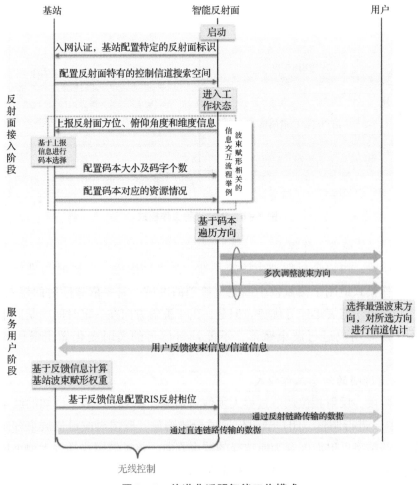

图 2-7　信道非透明智能工作模式

由于 RIS 反射单元数目带来的过高信道估计开销，该流程示例中采用了基于码本的反射相位调节方案。首先，该方案不需要基站和 RIS 之间进行反复迭代的联合波束赋形优化，只需要基于选定反射相位码字设计基站赋形权重即可。其次，基于码本调节反射相位不需要逐个反射单元上的信道信息，因此，用户只需要估计级联信道信息，大大降低了信道估计的复杂度。基于以上两点，该方案兼具了动态调整获得的增益以及可实现的低复杂度，可以为后续系统设计提供指导。

2.4　智能超表面系统架构

智能超表面硬件架构主要包含三部分，即馈电模块、可重构电磁表面和控制模块[7]。

馈电模块是整个系统的信号输入源，主要功能是将待发射电磁信号馈入可重构电磁表面。目前，根据馈电模块的馈入与输出方式不同，可以分为远场反射式、远场透射式、近场透射式以及有源无源集成式等多种模式。其中，远场反射式和远场透射式两种馈电模块，既可以采用同一系统中的馈源天线主动发射方式，也可以采用被动接收来自其他信号源远程电磁波的方式。这种情况下，虽然馈电模块不存在物理实体，但仍然是整个系统的重要组成部分。

可重构电磁表面是系统中对电磁波进行调控的主体，通常由周期或准周期排布的电磁单元组成，每个电磁单元通过集成 PIN 二极管、变容二极管等非线性器件可对控制模块给出的低频控制信号进行响应，改变局部单元的电磁特性，进而调控来自馈电模块的高频通信信号。

控制模块的主要功能是对可重构电磁表面进行控制，通常基于 FPGA 或类似的可编程平台上实现。控制模块根据上层系统给出的控制决策，产生低频控制信号和驱动电压并加载到电磁表面上的非线性器件上，从而实现对电磁表面功能的实时控制。

2.5　智能超表面阵面设计

在设计智能超表面之前，须根据实际的应用场景确定合适的系统架构。首先，考虑系统的馈电方式，需要根据工作模式、性能指标、空间尺寸等要求，选择合适的馈电方式。对于波束增益要求较高的场景，通常采用损耗较低的反射式智能超表面；对于空间尺寸较小的场景，可以采用近场耦合式智能超表面。其次，需要选择适当的控制方式，包括机械控制、模拟信号控制和数字信号控制三类。机械控制由于其响应速度较慢，目前已较少采用。模拟信号控制一般由控制模块产生连续分布的电平，控制变容二极管等具有连续变化参数的器件产生不同的响应。数字信号控制则由控制模块产生不同的电平，控制 PIN 二极管等开关器件产生不同的响应，根据可控状态数目，通常可分为 1-bit 或多 bit 控制。数字信号控制位数增多会导致表面结构复杂度增加且性能提升的边际增益下降，因此，现阶段的 RIS 原型系统大多采用 1-bit、2-bit 控制，少数原型系统采用 3-bit 甚至更多控制位数。

2.5.1 电磁单元设计与优化

电磁单元设计与优化是智能超表面阵面设计的核心，需要先根据实际的应用需求确定单元设计目标，然后对电磁单元主体、偏置线路等进行优化设计。

首先，利用电磁仿真软件，如 HFSS 和 CST，建立单元主体及非线性元件的等效模型，配置周期边界条件和 Floquet 端口激励。其次，选择合适的单元几何结构进行设计优化，使其在工作频段内满足预先设定的设计要求，如 1-bit 反射单元要求反射幅度接近 0 dB，反射相位差为 180°等。最后，还需要考虑用于连接控制系统的偏置线等结构，验证其对单元性能的影响。

以 1-bit 数字相控单元为例[8]，其设计目标为实现 14.5 GHz 附近的 1-bit 数字调相。具体实现时，选择了经典的矩形谐振单元，通过 PIN 二极管的导通和断开改变单元的谐振长度，从而产生相频响应不同的两种状态，使中心频点处两种状态的相位差为 180°。通过添加用于控制 PIN 二极管的偏置线和用于交直隔离的扇形枝节，可以验证其对单元工作频带内的电特性影响较小。

2.5.2 阵列全波仿真与加工测试

完成单元设计后，理论上已经可以将单元结构周期进行拓展，获得最终的智能超表面模型，但一般由于高次模、互耦等原因，实际智能超表面电磁性能与周期边界下的单元设计结果会有一些差距，需要针对整个智能超表面阵面进行全波仿真，以指导智能超表面的实际加工、测试和验证。

阵列全波仿真是在仿真软件中对整个阵面和馈源进行建模仿真，对算力资源有较高要求，仿真时间通常需要几小时甚至几天。通常，阵列全波仿真结果比单元结果更加可信，但仍然不能代替实测结果。

实测通常包括波导测试、雷达截面积（Radar Cross Section，RCS）测试、远场测试等。波导测试一般需要设计合适的波导，将两个单元横置于波导中，以测量实际的单元特性。RCS 测试包括单站和双站方法，通过将表面上所有单元调控为相同状态，进行"全开全关"测试，对比确定表面单元不同工作状态间的相位差。远场测试则是基于实际应用场景，在大型远场暗室或外场进行测试。

2.5.3　控制模块设计

控制模块的主要功能是根据 RIS 波束的入射方向、出射方向为 RIS 单元提供不同的相位分布，各个单元的量化相位分布也被称为码表，使用 α 入射 β 出射波束码表对与法向夹角为 α 的入射波束赋相后朝与法向夹角 β 的方向出射。RIS 的控制模块主要由上位机、控制芯片与驱动电路组成，如图 2-8 所示。其中，上位机可连接通信系统，从而实时向控制芯片提供出射方向；控制芯片以 FPGA 芯片实现为例，根据出射方向将码表赋值到输出管脚，管脚通过驱动电路与线缆连接到 RIS；由于 RIS 的单元通常靠 PIN、高电子迁移率晶体管（High Electron Mobility Transistor，HEMT）或变容二极管等元件实现相位重构功能，因此，控制板的驱动电路只需要根据管脚的数字逻辑输出相对应的电压或电流，即可完成 RIS 的布相，从而完成对 RIS 的控制。

图 2-8　RIS 的控制模块示意图

2.5.4　控制模块的码表提取

以基于 FPGA 实现的控制模块为例，RIS 的控制码表可以根据入射方向进行计算，目前有两种提取码表的思路：一种是提前计算出各个方向的码表并存入 FPGA 内存或集成存储，工作时根据上位机的指令按地址提取对应的码表并完成管脚赋值；另一种则是将码表计算程序植入 FPGA 芯片，在 FPGA 端完成码表的计算。前者对控制板的内存空间有较大要求，尤其是和 RIS 的规模呈正相关，但相应的 FPGA 端 Verilog 程序则相对简单；而后者要求 FPGA 端能够支持码表计算程序，最好还能执行各种码表优化算法，但这样能够降低存储需求，而且如果进行针对性的 FPGA 设计，能够提高 FPGA 性能利用率。

2.5.5　控制模块的响应速度

在 RIS 辅助通信系统中，RIS 出射波束的切换速度由上位机到控制模块的响应速度与 RIS 波束生成速度决定。后者依赖 RIS 的设计与集成的开关器件特性，而前者则取决于上位机和通信芯片的通信码率与控制芯片内部的程序架构及系统时钟。在 RIS 的实际应用中，需要制定一个 RIS 波束切换时间的标准。波束切换速度的"瓶颈"在于上位机到控制模块的响应速度，因此，需要在控制模块的设计中尽可能提高响应速度，即从上位机发出指令到驱动电路完成电压或电流偏置所用的时间要尽可能短。

2.5.6　控制模块潜在功能需求

除了上位机直接控制出射波束外，在未来潜在应用场景中，控制模块可能还需要自适应波束切换功能与网络配置功能。如果上位机并不知道接收端的具体方位，可以让 RIS 进行波束扫描来寻找接收端用户，在与接收端完成握手后，结束波束切换并且保持波束稳定出射或跟踪。相应的控制模块就需要设置波束的自动切换，以及与上位机实时通信来保证稳定跟踪接收端。另外，网络配置功能则应用于某些超大规模 RIS 的场景，由于控制芯片的资源有限，会出现输出管脚少于单元总数的情况，此时需要多块控制芯片分区控制同一个 RIS，那么控制模块就需要配置网络，每块芯片就是一个网络节点，从而实现对芯片的同步操作或分块操作。

2.6　潜在关键技术

2.6.1　面向实现的波束赋形方案

本节讨论了在面对半静态 RIS 级联信道估计的复杂性和涉及参考信号、控制信令的高昂开销的情况下，采用基于随机采样的方法进行"盲估计"的可行性[9]。这一方法无须借助参考信号即可对级联信道进行估计，进而计算出使 RIS 天线单元相位最优的配置，以最大化复合信道的传输容量[10]。随机采样方法运用统计学工具，可通过不同的实现方法得以应用。例如，最大随机采样（Random-Max Sampling，RMS）方案的核心思想在于从 RIS 离散相位的全部组合中选取一个子集（记为集合 Q），该子集包含若干个随机向量样本，然后从中选择出能够使测试端接收信号质量最佳的样本。值得注意的是，该方案专注于调相向量的最大信噪比，而其他采样仅被视为比较对象，在整个算法中并未得到充分的利用。

另外，条件采样平均（Conditional Sample Mean，CSM）方案被引入，以弥补 RMS 的不足之处，该方案致力于充分利用所有采样信息来推断最优的调相向量。具体而言，CSM 将总样本集合 Q 划分为 RIS 单元数量的子集，对于给定的某个单元相位，通过对每个子集中所有采样向量对应的接收信号质量进行条件平均值的最大化，推导得到最佳的调相向量。由于充分利用了随机采样点，CSM 比 RMS 表现更为优越。CSM 和 RMS 均为半静态工作模式，未对具体信道信息进行相位调整，相对于基于信道状态信息的动态工作模式（OPT 方案），性能略显不足。需要指出的是，动态模式虽然在性能上优于静态模式，但其应用仍需设计相应的控制方案和传输方案。如何在性能和开销之间达到平衡，以及如何为每种工作模式找到适当的应用场景，是值得深入研究的重要课题。

信道变化可能导致接收信号质量降低，从而使接收端无法正确接收来自发端的控制信令，进而发生波束失败现象。在基于 RIS 的无线通信系统中，基站发出的信号经过 RIS 的反射或透射，经历了基站到 RIS 和 RIS 到用户设备（User Equipment，UE）两段信道。在图 2 - 9 所示的基于 RIS 的无线通信链路中，基站到 RIS 段链路由基站发送波束和 RIS 接收波束共同完成信号的传输，而 RIS 到 UE 段链路则由 RIS 发送波束和 UE 接收波束协同完成信号传输。链路中任一段波束失败均意味着整个链路的波束失败事件发生。

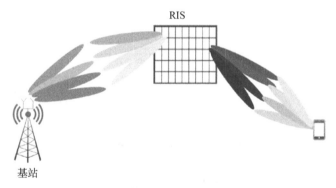

RIS

基站

图 2 - 9　基于 RIS 的无线通信链路

由于 RIS 本身不具备信号处理功能，因此无法对基站到 RIS 链路的波束失败事件进行检测和上报。唯一能够进行波束失败检测上报的方式是由 UE 基于基站 - RIS - UE 的等效信道进行。UE 能够检测等效链路发生的波束失败，并在对新的候选波束进行测量时，仅能对等效链路对应的波束进行测量。由于 UE 无法确定是哪一段链路发生了失败，因此只能对两段信道的新波束进行检测。具体而言，需要对级联链路的所有波束进行两两组合测量，这可能导致需要测量的新波束数量或波束组合数量较大。

以具体示例来说，当基站使用 M 个波束，RIS 接收使用 M_1 个波束，RIS 发送使用 M_2 个波束，UE 接收使用 N 个波束时，所需测量的新波束组合数量可表示为 $M \times M_1 \times M_2 \times N$。在终端能力受限的情况下，检测到新波束的概率可能大大降低，或者检测到的新波束的质量可能较差。对于 RIS 而言，若需要为多个 UE 提供服务，由于每个时间单元仅有一套调控系数可用，因此分配给每个 UE 进行新波束测量的时间相对有限。这进一步凸显了在 RIS 无线通信系统中波束管理的挑战，需要在有限的资源和能力下进行有效的波束失败检测和适应性波束选择。

假设 RIS 的调控矩阵可以写成 $W = W_T \phi W_R$ 形式，其中，W_R 用于对基站发送的信号进行接收调控，W_T 用于对 RIS 转发的信号进行发送调控，ϕ 为补偿路损等影响的相位调控矩阵。此外，假设基站的发送波束赋形矩阵为 P，UE 的接收波束赋形矩阵为 T，基站到 RIS 之间的信道为 H_{BS-RIS}，RIS 到 UE 之间的信道为 H_{RIS-UE}，则基站到 UE 之间的等效信道可以表示为：

$$H_{eq} = TH_{RIS-UE} WH_{BS-RIS} P = TH_{RIS-UE} W_T \phi W_R H_{BS-RIS} P \quad (2-1)$$

为了简化问题，令 $\phi = I$，根据等效信道表达式，存在多种两跳链路划分方式，如第一跳链路为 $W_R H_{BS-RIS} P$，第二跳链路为 $TH_{RIS-UE} W_T$；又或者，第一跳链路为 $W_T W_R H_{BS-RIS} P$，第二跳链路为 $TH_{RIS-UE} W_T$；还可以第一跳链路为 $H_{BS-RIS} P$，第二跳链路为 $TH_{RIS-UE} W_T W_R$。以第三种划分方式为例，图 2 – 10 提供了划分示意图。

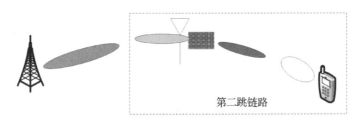

第二跳链路

图 2 – 10   两跳链路划分方式

在图 2 – 10 中，RIS 节点分为两部分，即控制节点和 RIS 阵面。控制节点接收来自基站的控制信息，并根据基站的配置对 RIS 阵面进行调控。这两部分通常部署在相同或相近的地理位置上，其中，控制节点具有数字信号处理功能并采用较低的天线配置（例如，单天线单通道，只能进行全向传输等）。

在将等效信道划分为两段信道后，UE 可以对第二跳信道和等效信道进行波束失败检测。当等效信道或第二跳信道发生波束失败时，UE 可以将失败事件上报给基站。对等效信道的波束失败检测过程与现有技术一致，即终端对等效信道对应的波束集合进行检测，当链路质量在一段时间内较差时，终端确定等效信道发生了波束失败事件，并将其上报给基站。

与等效信道波束失败检测类似，UE 也负责执行第二跳链路的波束失败检测。实际上，第二跳链路的链路质量和第一跳链路的链路质量共同决定了等效链路的质量。相应地，可以通过根据等效链路质量和第一跳链路质量的估算来评估第二跳链路的质量。第一跳链路质量由 RIS 的控制节点测量并发送给 UE。

　　控制节点具备像普通 UE 一样进行链路质量测量的能力。由于控制节点和 RIS 部署在相同或相近的物理位置上，基站到控制节点的信道和基站到 RIS 的信道的最大差别在于两个信道的天线数是不同的。以 RSRP 来衡量链路质量，由于这种划分方式未考虑 RIS 的接收波束赋形矩阵的影响（等效于 RIS 和控制节点一致，也进行全向接收），控制节点测量到的链路质量与实际第一跳链路的链路质量实质上是相同的。为了反映不同天线数或 RIS 单元数对链路质量的影响，控制节点还可以将已经补偿了天线数或单元数影响的第一跳链路质量指示给 UE。例如，控制节点测量的第一跳链路质量为 RSRP 1，天线数或单元数的影响体现为偏移值 Δ dB，在时分双工（TDD）系统中，Δ 值可以通过网络侧根据控制节点和 RIS 节点到基站之间链路的差异进行计算并配置给控制节点。

　　在控制节点周期性地将测量值（例如，RSRP 1 + Δ）指示给 UE 后，UE 可以基于等效链路质量对应的 RSRP 2 和 RSRP 1 + Δ 确定第二跳链路质量为 RSRP 2 − RSRP 1 − Δ。当 RSRP 2 或 RSRP 2 − RSRP 1 − Δ 低于特定门限时，UE 可以将波束失败事件上报给基站。

　　在进行新波束测量时，新波束集合包含了基站发送波束、RIS 接收波束和 RIS 发送波束的波束组合。基于图 2 − 10 中的划分方式，第一跳链路包含了基站发送波束的影响，而第二跳链路包含了 RIS 接收波束和 RIS 发送波束的影响。在新波束识别过程中，如果 UE 发现等效链路质量较差而第一跳链路质量尚可，那么 UE 可以选择当前基站服务波束对应的新波束组合进行测量。如果 UE 发现等效链路质量较差且第一跳链路质量也较差，那么 UE 可以选择当前 RIS 服务波束对应的新波束组合进行测量。其他两跳链路划分方法也是类似的，UE 可以根据等效信道的测量和控制节点的指示，确定哪个波束或波束组合发生了波束失败。相较于只能确定等效链路发生失败的情况，这种方法可以缩小新波束集合的测量范围，确保在有限的测量能力内快速识别到新波束，从而缩短通信中断时间。

　　此外，也可以考虑使用具备简单信号发射能力的 RIS 或控制节点，通过 RIS 或控制节点发送第二跳链路的测量信号，由 UE 执行第二跳链路的波束失败检测。等效链路的波束失败检测过程同样由 UE 执行，测量信号为基站发送的测量信号。然后通过等效链路质量以及第二跳链路质量来对第一跳链路的质量进行估算。这种方法提供了一种额外的手段，增强了系统对波束失败的检测和适应性波束选择的能力。

2.6.2　使能近场

　　传统的无线通信系统已经充分开发和利用了远场空间资源，而进一步研究和利用近场空间资源有望为无线通信系统引入新的物理空间维度。未来的 6G 网络将配置更大的天线孔径，并采用毫米波、太赫兹等更高频段，其近场范围可达几十米甚至几百米，这将使近场特性更加显著。同时，引入了 RIS、超大规模MIMO、去蜂窝（Cell‑free）等新技术，使未来无线网络中的近场场景变得普遍存在。近场通信技术不仅是实现未来 6G 网络更高数据速率、高精度感知和物联网无线传输能力等要求的关键技术之一，还有可能成为未来 6G 无线空口技术的关键驱动力之一。在这些新技术中，RIS 具备超大尺寸、无源异常调控、低成本、低功耗和简单易部署等多种特性，有望在未来 6G 网络中建立广泛的近场无线传播环境，并引领全新的网络范式。

根据电磁场与天线理论，天线辐射的电磁场可分为近场区域和远场区域。近场区域进一步划分为感应近场区域和辐射近场区域。在天线或散射体附近，非辐射近场行为占主导地位；而在远离天线或散射体的区域，电磁辐射行为占主导地位。

当天线在自由空间中辐射信号时，场分布由麦克斯韦方程组唯一确定，传播特性在不同的区域有一定的差异。这些区域中的电磁波表现出不同的传播特性。在远场区域，振幅、角度和相位的变化可以被忽略，路径损耗效应在确定接收信号强度时占主导地位。在近场区域中，根据从用户设备到天线表面的距离，存在明显的振幅、角度和相位变化。在远场区域内采用的平面波模型中，天线阵列上的信号是平行的，每个天线具有相同的到达角，不同阵元的相位差只与到达角有关。而在近场区域内，不同天线信号不能看成平行，信号到达阵列呈现球面波形式，电磁波面必须精确地建模为球形。相位差不仅与到达角有关，还与距离有关。

从波束赋形角度看，波束操纵包括将能量集中在远场中的特定方向上（对应于在无限远处聚焦）。在近场中，操作允许将能量集中在空间中的特定点上。在近场区域，天线的波束形状和方向的调控具有独特的挑战，需要考虑更为复杂的电磁场分布和传播特性。

综上所述，近场传播带来了与远场传播截然不同的信道环境，主要表现为近场效应、空间非平稳性和显著的宽带斜视效应。相较于传统的远场，近场具有三个显著不同的特征，即球面波模型、空间非平稳性和波束斜视效应。

此外，与远场相比，近场信号强度的衰落随距离的变化更为剧烈。在远场中，信号强度衰落与距离的平方成正比，而在近场，信号强度的衰落与距离的4~6 次方成正比。这使近场传播环境具有更为复杂和动态的特性，需要在系统设计和优化中加以考虑。

在近场宽带通信系统中，面临的一个重要问题是近场波束分裂效应。在近场

RIS 中，基于移相器的波束成形器能够生成对准特定位置的聚焦波束，从而提供波束聚焦增益。这种波束成形器在窄带系统中表现出良好的效果。然而，在宽带系统中，由于采用了几乎与频率无关的移相器，不同频率的球面波束会聚焦在不同的物理位置上，这被称为近场波束分裂效应。这种效应可能导致严重的阵列增益损失，因为不同频率的波束无法与特定位置的目标用户对齐。在宽带系统的设计中，必须认真考虑并解决这一问题。

尽管波束分裂效应可能导致宽带系统难以将能量准确对准用户，从而降低波束赋形性能，但它也带来了一些好处：由于相同的导频会对应产生空间上的多个波束，因此，通过系统参数的设计，可以控制波束在不同频率上的覆盖角度范围。由此带来的好处在于，可以在远场实现非常快速的 CSI 获取，从而实现快速的波束训练或波束跟踪。传统远场通信中对于这一问题的研究主要分为两类工作：一类技术旨在减轻远场波束分裂效应带来的阵列增益损失，通过在波束成形结构中引入时延电路来实现。这种方法旨在减缓波束分裂效应，从而改善系统的性能。另一类技术通过控制时延参数和多波束实现在大规模 MIMO 系统中快速获取远场 CSI。通过调整时延参数和使用多波束的技术，可以更有效地应对远场波束分裂的挑战，实现对信道状态信息的快速而准确的获取。这两类技术的研究旨在克服远场波束分裂效应对通信性能的负面影响，从而提高系统的整体性能和效率。

文献［11］对近场波束分裂效应进行了定义和分析，并采用基于时延的波束成形器来应对这一效应。研究建议将整个阵列划分为多个子阵列，并假设用户位于整个阵列的近场范围内，但又位于每个子阵列的远场范围内。在这个基础上，利用延时电路来补偿近场球面波面引起的不同子阵列之间的群延迟。通过这种方法，可以使整个带宽上的波束聚焦在所需的空间角度和距离上，从而缓解近场光束分裂效应。

另外，文献［12］提出了一种利用近场波束分裂效应的快速宽带近场波束训练方案。作者首先证明了近场可控波束分裂的效果，然后通过巧妙设计的延时电路，不仅可以控制不同频率上波束的覆盖角度范围，还可以控制不同频率上波束的覆盖距离范围，实现对近场波束分裂的精确控制。利用这种波束分裂效应，提出了一种宽带近场波束训练方案，以实现对近场 CSI 的快速采集，显著降低波束训练的时间和开销。

2.6.3　使能泛在感知与定位

传统的感知与定位研究主要集中在天线的远场区域，包括基于距离（到达时间或差分到达时间）测量的伪距定位（四点定位）和基于距离结合到达角测量的几何定位方法。在远场区域，RIS 可以加强感知与定位的覆盖，提供新的测量参考节点，利用集成传感器（半被动 RIS），并通过高空间分辨率波束等方式增强感知与定位性能。

随着高频段的部署提升（例如毫米波频段），RIS 在高精度定位中的优势更加显著。同时，RIS 的感知与定位覆盖范围也逐步扩展到近场区域。因此，有必要进一步研究 RIS 在近场感知与定位中的关键问题。

在近场感知与定位中，RIS 可以提供更为精细的定位信息，并为定位系统引入新的技术和方法。研究 RIS 在近场区域的感知与定位问题将有助于更好地理解 RIS 在不同环境下的性能，并推动其在高精度定位应用中的发展。

关于借助 RIS 辅助定位的研究，文献 [13] 考虑了 RIS 在反射模式下的近场定位场景。在这种场景中，由于远场定位采用的平面波波前不再适用，因此采用了球面波波前的入射方式。首先，通过推导得到的克拉美劳下界（Cramér – Rao Bound, CRLB），对 RIS 在此情境下的最终定位和方向估计性能进行了深入的分析。其次，通过分析几何精度稀释系数（Geometric Dilution of Precision, GDOP），评估了 RIS 的几何形状对 UE 定位的影响。最后，通过采用 RIS 的次优相位设计，以最大化信噪比的方式，进一步提升了定位性能。

文献 [14] 提出了一种上行定位方案，其中，UE 利用 RIS 的波束聚焦能力，并通过基站进行定位。在远场多路径模型不适用的情况下，采用了近场多路径模型。研究中引入了压缩感知（Compressed Sensing, CS）技术，有效地解决了基于网格的 CS 可能导致的基差错配问题。最终，通过迭代设计 RIS 的相位，以达到最大化信噪比的目的，从而显著提高了定位性能。

文献 [15] 深入研究了在连续多载波下行链路多径辅助定位，分别在视距和非视距条件下进行了理论定位性能的表征和分析。研究表明，当 UE 足够接近 RIS 或 RIS 较大时，通过利用近场中 RIS 反射多径分量的信号波波前曲率，可以直接推断用户在非视距情况下的位置，从而实现定位。

文献 [16] 针对锚节点（Anchors Node, AN）和未知节点（Unknown Node, UN）之间不存在视距路径的情况，提出了一种基于 RIS 辅助的基于接收信号强度的近场定位算法。该算法首先利用 RIS 建立 AN 和 UN 之间的虚拟视距路径，然后通过接收信号强度最大值原理进行初步定位，将估计结果转换为 UN 位置的目标区域，并通过交替迭代方法在目标区域中搜索，以获得准确的位置信息。

当前对 RIS 在近场定位下的研究主要侧重于单个目标的位置定位，而应用于感兴趣区域（Area of Interest, AOI）中所有目标的定位服务问题尚未得到充分解决。文献 [17] 提出了 RIS 辅助近场区域定位的架构，包括 RIS 相位设计和位置确定两个关键部分。通过定义 AOI 的平均定位精度，引入了一种离散化方法来实现 RIS 相位设计。接着，通过将 AOI 转换为不确定性模型，将相位设计问题转化为鲁棒优化问题，并提出了一种基于迭代熵正则化的算法来解决这一问题。通过这种方法得到最佳的 RIS 相位设计，为 AOI 中的目标节点提供了在任何位置都能达到最佳定位性能的近场目标定位算法。

2.7　工程化面临的挑战

2.7.1　硬件挑战

随着 RIS 工程化的深入，工业界出现了各种不同的 RIS 形式，并根据不同的技术特征、形态和形式进行分类。例如，根据频段，RIS 可工作于中低频、毫米波、太赫兹频段；根据透射/反射功能，RIS 分为反射型、折射型、同时反射和折射型；根据调控方式，RIS 分为基于 PIN 管、变容二极管、MEMS、液晶、石墨烯等类型；根据调控动态性，RIS 分为静态调控、半静态调控、动态调控。每种类型的 RIS 具有独特的技术特点，未来实际应用中部署哪些类型的 RIS 仍需进一步研究和探索，以满足不同场景需求。

RIS 物理实现会受到固有硬件损伤的不利影响，例如单元响应的幅度相位相关性、量化误差、相位噪声、放大器非线性、载波频率和采样率偏移以及 I/Q 失衡等。尽管可以使用校准、预失真或补偿技术部分抵消其中一些缺陷，但由于时变硬件特性和随机噪声的非理想估计等，在实际情况下大量失真不可避免。

（1）量化误差：高分辨率元件会增加硬件成本、设计复杂性和控制开销。为降低硬件成本和功耗，对于具有大量单元的 RIS，一般采用有限数量的离散相移和振幅的 RIS 单元，RIS 相移矩阵的优化变得更具挑战性。量化导致严重的信息丢失，基于无限精度量化的传统信道估计方法不再适用于低分辨率的场景。

（2）单元响应的幅度相位相关性：大多数关于 RIS 的工作都假设了理想的相移模型，在每个单元上都有全信号反射，而不管每个单元的相移如何。这在实践中很难实现，因为反射幅度和反射相位之间存在强耦合。当前普遍假设的仅相位调控的反射模型并不准确，反射幅度往往取决于相移本身取值。

（3）RIS 单元极化问题：对双极化 RIS，每个 RIS 单元可同时调控双极化信号，独立改变不同极化信号的相位。然而，引入双极化 RIS 使系统分析和设计变得更加复杂，并且，在实际系统中，双极化缺陷始终存在，包括不同输入端口之间的耦合等硬件损伤和散射环境中发生的偏振转换等辐射损伤。受这些缺陷的影响，两个极化中的子信道不再正交，并且由于交叉极化干扰，实际容量提升有限。

（4）耦合：对单元间距较小，特别是小于半波长的情况，耦合问题成为不可忽视的硬件挑战。对耦合的建模是十分必要的，虽然以高保真度捕捉耦合的模型是有益的，但该模型的复杂度将影响其对优化不同准则（如能源效率和频谱效率）的帮助程度。

（5）相位非理想：RIS 面板在生产、安装、部署、维护等各阶段都存在影响相位调控精度的不利因素，例如，温差、形变、平整度、PIN 管失效、频偏等。在 RIS 工程应用中需要建设存在相位误差的 RIS 反射模型，包括全局随机相位误差、分组随机相移误差、分组固定相位误差等。

2.7.2　信道互易性

信道的互易性是保证时分双工 MIMO 系统基于非码本下行链路预编码得以实现的必要条件。由于 RIS 的人工电磁特性并不严格遵循正常的自然规律，可能引起对网络互易性的疑问。电磁互易性是指当源点和观测点交换位置时，源点在观测点产生的电磁场保持不变的现象，这一现象源于麦克斯韦方程组与时间的对称性。根据 Rayleigh–Carson 互易性定理，材料和传输介质互易，即可保证无线信道的互易性。

一般来说，当作用于 RIS 单元的控制信号保持不变时，构成 RIS 的材料（例如金属贴片、介质层和电子元件）是遵循互易性定理的。因此，在正常条件下，RIS 辅助的无线信道仍然具有互易性。这一结论得到了对常见的变容二极管 RIS 和 PIN 管 RIS 两种原型样机在特定测试环境下的测量结果的支持[18]。

尽管通常情况下 RIS 保持信道互易性，仍存在一些可能打破该性质的情形，例如采用有源非互易性电路、时变的单元控制，以及非线性和不对称结构的设计。尽管信道互易性通常被应用于设计高效的无线通信协议，但在某些特定应用场景中，信道互易性并非必不可少，比如在无线电力传输和安全无线通信方面。在 RIS 辅助的无线通信系统中，一些方法被提出以突破信道互易性的限制，包括使用有源非互易性电路、实施时变控制，以及采用非线性和不对称结构。当入射角度过大时，可能导致在交换发射机和接收机位置时，入射和反射波束方向发生偏差，但并不一定导致信道失去互易性[19]。

在处理可能引入的 RIS 非互易性方面，可以采用两种主要思路：避免和利用。避免非互易性意味着提高制备工艺，通过提高 RIS 制备工艺的水平，避免引入非理想因素，从而减小非互易性的可能性。同时，可以采用上下行校准方法，对已存在的非互易性因素进行补偿和校准，以提高系统的整体性能。利用非互易性的 RIS 可以用于控制传输状态，包括双向传输、正向传输、反向传输和无传输等，从而在根本上解决数据流拥塞和电磁污染等问题[20]。这两种思路可以根据具体的应用需求和系统设计选择合适的策略，以最大限度地发挥 RIS 在无线通信系统中的优势。

2.7.3　功耗分析

RIS 硬件的总功耗主要由两部分组成。文献 [21] 对 RIS 的总功耗进行了建模。首先是静态功耗，包括 FPGA 控制板和控制电路产生的功耗。静态功耗中，FPGA 控制板的功耗被视为一个固定值，而驱动电路的功耗则取决于硬件实现方式、极化方案、单元数量、调控自由度，以及每个驱动电路产生的控制信号数量和功耗。

其次是单元功耗，该部分的建模因 RIS 单元的不同实现方式而异。具体而言，对于基于 PIN 管的 RIS，单元功耗与极化方式、单元数量、单元编码状态以及单元调控比特精度等有关。相较之下，基于变容管的 RIS 单元功耗可以忽略不计，因为变容管电流在工作时趋近于零。对基于 RF 开关的 RIS，单元功耗则与极化方式、单元数量以及每个 RF 开关的功耗相关，而与单元编码状态无关。在 RF 开关型 RIS 中，每个比特的功耗仅在编码为 "1" 时才会产生，而在编码为 "0" 时功耗为零。

总体而言，RIS 硬件的总功耗模型考虑了这两部分的贡献，其中，静态功耗与控制电路和 FPGA 控制板相关，而单元功耗则由 RIS 单元的具体实现方式决定。

基于实测结果，对各类型 RIS 的功耗进行的总结如下：

FPGA 控制板功耗主要涉及 FPGA 和光口等硬件功耗，可以建模为一个固定值。根据测量结果，XC7K70T 型 FPGA 的功耗为 4.8 W。

对于 PIN 管型 RIS，其静态功耗主要来自 PIN 管单元。这些单元可以采用移位寄存器作为驱动电路，其驱动电路相对简单且功耗较低。具体而言，使用 8 位移位寄存器来控制 8 个 PIN 管。测量结果表明，其功耗为 0.066 mW。因此，单个控制信号的功耗仅为 0.008 mW。

PIN 管型 RIS 单元功耗：RIS 单元功耗存在较大的变化范围，其中一个重要因素是 RIS 单元的编码状态。实测结果显示，单个 PIN 管的功耗为 12.6 mW。为实现低功耗设计，对 PIN 管型 RIS 的相位编码进行优化是关键，尽量减少 PIN 管导通的数量。

变容管型 RIS 静态功耗：连续相位调控的变容管型 RIS 需要 DAC 和运算放大器作为驱动电路，因而功耗较高。使用四通道 DAC 和运算放大器产生 4 个控制信号的功耗测得为 1 720 mW，即单个控制信号的功耗为 430 mW。对于离散相位调控的变容管型 RIS，采用 PWM 信号和电平转换器组合或 CMOS 逻辑电路可以减少驱动电路功耗。

变容管型 RIS 单元功耗：变容管在变化偏置电压时，只有在两端施加反偏电压时才会发生调相。由于反偏电压会加厚变容管内部的 PN 结，导致电流通不过，RIS 中的变容管在工作时总是处于"断开"状态，因此，单元功耗约等于 0，这种特性使其具备实现低功耗的潜力。然而，在高频范围内设计和实现变容管型 RIS 仍然存在一些挑战。

RF 开关型 RIS 静态功耗：与 PIN 管型 RIS 类似，RF 开关型 RIS 的驱动电路简单且功耗较低。

RF 开关型 RIS 单元功耗：RF 开关型 RIS 单元功耗仅与单元数量和单个 RF 开关单元的功耗相关，与单元的编码状态无关。实测结果表明，单个 RF 开关单元的功耗约为 500 μW，因此单元功耗非常低。由于 RF 开关型 RIS 是一种新兴类型，其驱动电路和单元功耗都相对较低，因此具有实现低功耗的潜力，值得在未来进行深入研究。

2.8　潜在标准化工作

2.8.1　概述

在 2021 年 6 月的 3GPP RAN Rel－18 研讨会中，一家公司提出了关于智能超表面的研究课题，内容包括 RIS 的应用场景、系统架构、信道建模等方面的相关研究。这标志着 RIS 首次在 3GPP 的讨论中引起了关注。尽管 RIS 课题引起了多家公司的兴趣，但一些公司对 RIS 的鲁棒性和成熟度表达了担忧。总体来说，当时公司对 RIS 的接受度并不高。此外，与 RIS 相似的另一个研究课题是网络控制中继（Network Controlled Repeater，NCR），该技术是对传统中继站的演进，引入了网络控制对中继的控制。虽然 NCR 和 RIS 在功能上相似，但是支持 NCR 的公司逐渐受到了关注。

最终，在 2021 年 12 月，NCR 研究课题成功立项于 3GPP Rel－18，经过半年的研究后，于 2022 年转为标准化项目（Work Item，WI），并于 2023 年基本完成了核心的标准工作。目前，已进入 Rel－19 立项阶段，在 2023 年 6 月的 3GPP Rel－19 研讨会中，大约有 10 家公司再次提出了对 RIS 研究课题的立项需求，主要包括研究其信道建模、系统模型、评估方法、控制方式等方面。从各公司的观点转变中可以感觉到，RIS 的标准化工作已经越来越受到关注。

2.8.2　RIS 和 NCR 对比

NCR 主要包括两个功能实体，分别是用于 NCR 和基站之间的信息交互的

NCR – 移动终端（Mobile Termination，MT），以及用于信息转发的 NCR – Fwd。整个系统涵盖了三条关键链路，分别是接入链路（Access – link）、回程链路（Backhaul – Link）以及控制链路（C – link）。

在该架构中，NCR – MT 负责处理 NCR 和基站之间的信息传输与管理，确保两者之间的有效协同工作。同时，NCR – Fwd 负责实际的信息转发过程。这个系统架构的设计使整个 NCR 系统能够通过不同链路的协同操作来实现高效的数据传输和网络控制。与传统直放站相比，NCR 引入了网络侧的控制功能，以实现波束转发，且 NCR 重点关注高频段的覆盖增强应用场景，兼顾中低频。NCR 与基于波束赋形的 RIS 在系统架构、硬件器件、控制信令等细节方面存在一定的差异，具体见表 2 – 1。

表 2 – 1　NCR 与 RIS 对比

项目	NCR	RIS
系统架构	两个功能实体，三条链路；控制链路和回传链路是带内的，共享公共射频模块	需要通信与控制模块，两条链路；RIS 控制和转发可以分开
硬件器件	天线、射频及数字基带处理器件；收发天线独立，可实现收发波束灵活独立调整，实现全双工需要隔离	通信部分：天线、射频及数字基带处理器件； 转发部分：近无源电磁单元、控制器件；自然具备全双工特性，成本较低
数据处理	仅处理控制链路的数据，不处理转发链路的数据	
单元数	天线单元较少，不超过基站侧天线单元	单元数更多，波束指向性更高
协议影响	网络侧	网络侧，可能会引入终端侧影响
噪声及干扰	引入额外的热噪声，可能会放大干扰	不引入额外的噪声，可能会放大干扰
信号自激	有	无

2.8.3　潜在标准影响

从标准化的角度来看，目前有三种潜在的 RIS 类型，它们分别是全透明 RIS、非透明 RIS 和半透明 RIS[22]。

在这里，"透明"并非指物理材料的透明性，而是指 RIS 作为网络节点时，是否对网络侧和终端侧产生标准影响。具体而言，全透明 RIS 对网络和终端都是"不可见"的，不受网络侧控制。由于全透明 RIS 不牵涉控制信息交互问题，它相对容易部署，但只能实现粗粒度的调整，运维方面也存在较大挑战。非透明 RIS 引入了网络侧和终端侧的协议影响，有助于实现对 RIS 更精细的控制，以充分挖掘其能力，但需要以增加网络和终端复杂度为代价，这可能为终端厂商带来额外挑战。半透明 RIS，即终端透明 RIS，只对网络"可见"，受网络侧控制，而对终端"不可见"。因此，无论 RIS 是否参与信息传输，终端侧的行为应保持不变。这种模式的 RIS 与 NCR 最为相似。通过比较可以发现，在这三种模式中，半透明 RIS 在控制灵活性和终端复杂度之间取得了很好的平衡，因此在当前阶段看来最有应用前景。

借鉴了 NCR 标准化的经验，潜在的 RIS 标准化工作方向包括[23]：

系统模型及信道模型：由于 RIS 主要由 PIN 二极管、变容二极管、液晶等电磁单元构成，现有的天线模型可能不再适用，需要构建新的电磁单元模型及系统模型。引入 RIS 后，传统的直连信道模型也将不再适用，需要定义新的级联信道模型，同时也包括 RIS 在信道模型中的等效模型。

信道测量与反馈：根据 RIS 的不同应用场景，信道类型可能包括基站 – RIS 信道是半静态的，而 RIS – 用户信道是动态的；基站 – RIS 信道是动态的，而 RIS – 用户信道是半静态的；基站 – RIS 信道和 RIS – 用户信道都是动态的。RIS 辅助无线通信的信道测量和反馈将取决于 RIS 的特性。若 RIS 不具备执行信道测量的能力，则需要优化和配置 RIS 系数，进而辅助基站或用户发送的参考信号来测量和反馈级联信道。如果基站和用户之间存在直连链路，通过 RIS 的 ON/OFF 控制信息，可以分离级联链路与直连链路。若 RIS 能够执行信道测量，它可以分别测量基站 – RIS、RIS – 用户和基站 – RIS – 用户三段信道，并将测量结果反馈给基站，以获取单独/分离的信道。因此，需要设计信道测量与反馈机制，以灵活地获取直连链路和级联链路的信道状态。

控制信号和信令研究：RIS 在网络中受控是为了避免对运营商的网络规划和运维带来挑战。在研究 RIS 的控制信号和信令时，首先应该考虑哪些控制信息和信令可以借鉴 NCR 的相关设计。通过挖掘 RIS 独特的控制机制，可以最大限度地提升标准工作的效率。

全双工操作：RIS 与 NCR 最大不同之一是 RIS 天然地工作在全双工模式，而且入射信号与反射信号之间没有额外的时延。有效利用 RIS 的全双工特性可以显著提升系统容量。

此外，为了推动 RIS 相关标准的立项，需要明确定义 RIS 技术的核心优势和关键应用场景。特别是在 NCR 已经完成标准立项的情况下，对相关场景和需求的明确定义至关重要。业界需要共同努力，集中精力关注 RIS 的关键应用，并推动相关的标准化进程。

参 考 文 献

［1］ElMossallamy M A，Zhang H，Song L，et al. Reconfigurable intelligent surfaces for wireless communications：Principles，challenges，and opportunities［J］. IEEE Transactions on Cognitive Communications and Networking，2020，6（3）：990 – 1002.

［2］Arun V，Balakrishnan H. RFocus：Practical beamforming for small devices［J］. arxiv：1905. 05130，2019.

［3］Cui T J，Qi M Q，Wan X，et al. Coding metamaterials，digital metamaterials and programmable metamaterials［J］. Light：Science & Applications，2014，3（10）：e218 – e218.

［4］Dai J Y，Tang W K，Zhao J，et al. Wireless communications through a simplified architecture based on time - domain digital coding metasurface［J］. Advanced Materials Technologies，2019，4（7）：1900044.

［5］Tang W，Chen M Z，Chen X，et al. Wireless communications with reconfigurable intelligent surface：Path loss modeling and experimental measurement［J］. IEEE Transactions on Wireless Communications，2020，20（1）：421 – 439.

［6］中国移动通信有限公司研究院. 6G 信息超材料技术白皮书［R/OL］.［2022 – 02 – 25］. https：//www. tmtpost. com/watch/CmGtlV.

［7］智能超表面技术联盟. 智能超表面技术白皮书［R/OL］.［2023 – 02 – 09］. https：//www. risalliance. com.

［8］Yang H，Yang F，Xu S，et al. A 1 – bit 10 × 10 reconfigurable reflectarray antenna：design，optimization，and experiment［J］. IEEE Transactions on Antennas and Propagation，2019，64（6）：2246 – 2254.

［9］IMT – 2030（6G）推进组. 智能超表面典型应用、挑战与关键技术［R/OL］.［2023 – 12 – 05］. https：//www. imt2030. org. cn.

［10］袁弋非，苏鑫，顾琪，等. 6G 智能超表面（RIS）通信技术初探［M］. 北京：电子工业出版社，2023.

［11］Cui M，Dai L. Near – field wideband beamforming for extremely large antenna arrays［J］. IEEE Transactions on Wireless Communications，2024，Early Access.

［12］Pizzo A，Marzetta T L，Sanguinetti L. Spatially – stationary model for holographic MIMO small – scale fading［J］. IEEE Journal on Selected Areas in Communications,2020,38(9):1964 – 1979.

[13]Elzanaty A,Guerra A,Guidi F,et al. Reconfigurable intelligent surfaces for locali-
zation:Position and orientation error bounds[J]. IEEE Transactions on Signal
Processing,2021,69(1):5386 – 5402.

[14]Rinchi O, Elzanaty A, Alouini M S. Compressive near – field localization for
multipath RIS – aided environments[J]. IEEE Communications Letters,2022,26
(6):1268 – 1272.

[15]Rahal M,Denis B,Keykhosravi K,et al. RIS – enabled localization continuity under
near – field conditions[C]. IEEE International Workshop on Signal Processing
Advances in Wireless Communications,Lucca,Italy,2021:436 – 440.

[16]Huang S,Wang B,Zhao Y,et al. Near – field RSS – based localization algorithms
using reconfigurable intelligent surface[J]. IEEE Sensors Journal,2022,22(4):
3493 – 3505.

[17]Luan M,Wang B,Zhao Y,et al. Phase design and near – field target localization for
RIS – assisted regional localization system[J]. IEEE Transactions on Vehicular
Technology,2021,71(2):1766 – 1777.

[18]Tang W,Chen X,Chen M Z,et al. On channel reciprocity in reconfigurable intelli-
gent surface assisted wireless networks[J]. IEEE Wireless Communications,2021,
28(6):94 – 101.

[19]Zhang H,Di B. Intelligent omni – surfaces:Simultaneous refraction and reflection
for full – dimensional wireless communications[J]. IEEE Communications Surveys
& Tutorials,2022,24(4):1997 – 2028.

[20]Ma Q,Chen L,Jing H B,et al. Controllable and programmable nonreciprocity based
on detachable digital coding metasurface[J]. Advanced Optical Materials,2019,7
(24):1901285.

[21]Wang J,Tang W,Liang J C,et al. Reconfigurable intelligent surface:Power con-
sumption modeling and practical measurement validation[J]. IEEE Transactions on
Communications,2024,Early Access.

[22]Li N,Zhu J,Guo J,et al. Analysis of reconfigurable intelligent surface – aided wire-
less communication:Potential schemes, standard impact and practical challenges
[C]. International Conference on Communications in China,Foshan,China,2022:
211 – 215.

[23]李南希,朱剑驰,程振桥. 可重构智能表面潜在标准化工作分析[J]. 移动通
信,2023,47(11):2 – 7.

第3章

智能超表面：应用场景与通信模型

基于智能超表面的功能和特性，本章首先详细介绍智能超表面的潜在应用场景，从信号覆盖到传输增强，从目标定位到频谱认知，从信息交换到能量传输，不一而足。然后，本章对这些应用场景进行抽象，建设出智能超表面的基本通信模型。

3.1 潜在应用场景

3.1.1 信号覆盖扩展

3.1.1.1 克服覆盖空洞

传统的蜂窝部署可能存在覆盖空洞区域，如高大建筑物的阴影区域，如图3-1所示。在密集城区场景下的街道信号覆盖，或者室内外和公共交通工具内外的信号接驳等场景下，通信链路被阻挡，基站信号不容易到达，用户不能获得较好的服务。RIS可部署在基站与覆盖盲区之间，通过有效的反射/透射使传输信号到达覆盖空洞中的用户，从而为基站和用户之间建立有效连接，保证空洞区域用户的覆盖[1]。

3.1.1.2 边缘覆盖增强

传统蜂窝小区的覆盖范围受到基站发射功率的限制，小区边缘用户的接收信号质量较差。仅通过网络规划和调参很难实现无缝覆盖，总会出现零星的弱覆盖区。RIS可部署在基站和边缘用户或弱覆盖区之间，接力反射基站的传输信号，以提高边缘用户的信号质量。如图3-2所示，在基站和小区边缘用户间部署RIS，既可以调整电磁单元的相位进行波束赋形来增强信号，又可以增加反射路径来提高信号质量。

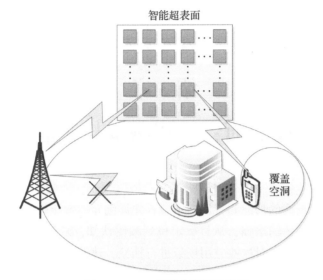

图 3 – 1 RIS 用于克服覆盖空洞

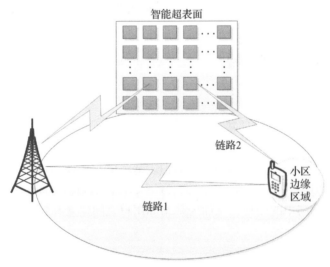

图 3 – 2 RIS 用于边缘覆盖增强

3.1.1.3 室内覆盖增强

统计表明，目前 4G 移动网络中超过 80% 的业务发生于室内场景中。在 5G 和 6G 时代，各种新型业务层出不穷，业界预测将来超过 85% 的移动业务将发生于室内场景中。室内墙壁和家具的信号阻挡导致存在较多的覆盖空洞和盲区。RIS 可以针对目标用户进行重新配置，有利于室内覆盖增强[2]。如图 3 – 3 （a）所示，信号由于折射、反射和扩散而经历路径损耗和穿透损耗，目标用户的接收信号较弱。而如图 3-3（b）所示，信号传播可以通过 RIS 进行重构，使到达目标用户的接收信号得以增强。

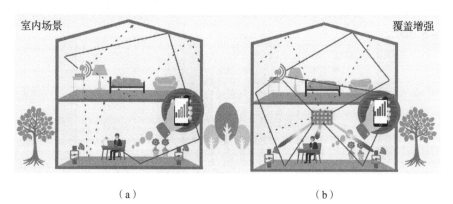

图 3-3　RIS 用于室内通信场景

由于较大的穿透损耗，室外基站实现室内覆盖一直是工程实现的难点。如图 3-4 所示，RIS 可以部署在建筑物的玻璃表面，它能有效接收基站传输的信号并透射到室内，室内用户可以接收来自 RIS 的反射信号，从而提高信号质量。

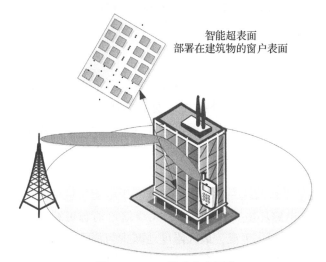

图 3-4　RIS 提升室内覆盖

3.1.2　边缘速率提升与干扰抑制

对于小区边缘的用户，一方面，边缘用户接收到的服务小区信号较弱；另一方面，边缘用户会受到邻小区的干扰。此时，可以通过在合适的位置部署 RIS，通过波束赋形，将边缘用户的信号传输至目标用户所在区域，这在提高有用信号的接收功率的同时，也可以有效地抑制对邻小区的干扰，相当于在边缘用户周围构建了一个"信号热点"和"无干扰区域"。另外，由于用户发送功率受限，小区边缘用户的上行信道将成为业务传输的"瓶颈"，在合适的位置部署 RIS，定向增强基站侧的接收信号强度并抑制干扰，可以有效提升终端上行速率，如图 3 − 5 所示。

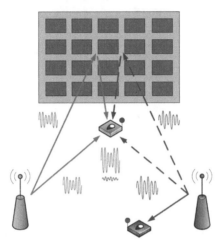

图 3 − 5　RIS 用于边缘速率提升与干扰抑制

3.1.3　安全通信

电磁环境的不确定性和不可操控性将带来保密信息泄露和复杂干扰等问题。现有捆绑于无线通信系统的"外挂式"安全机制造成通信与安全相互掣肘、能效低下，只有依靠电磁环境的内生属性设计内生安全功能，才是解决未来通信安全问题、实现通信与安全内源性融合的唯一出路。无线内生安全设计面临被动适应电磁环境，"靠天吃饭"的实际困境，功效已接近"天花板"。利用 RIS 构建电磁理论与信息论学科的统一融合，可构造基于电磁信息论的无线内生安全新范式。RIS 能够实现电磁环境实时可重构、无线信道动态可编程，进一步使能信道精细化感知和信道定制化生成，最大限度地减少与消除电磁环境的不确定性和不可操控性，为无线通信与安全性能提升提供重要的支撑手段。RIS 驱动下的 6G 安全愿景应利用 RIS 的信道精细化感知和定制能力，充分挖掘通信和安全共有的本源属性，同时逼近香农信道容量和一次一密的安全容量。如图 3 − 6 所示，可将 RIS 设备部署在窃听用户附近，则 RIS 设备反射的信号可以被调谐，以抵消来自窃听用户处所接收到的基站与窃听者之间的直达链路信号，从而有效地减少信息泄露。

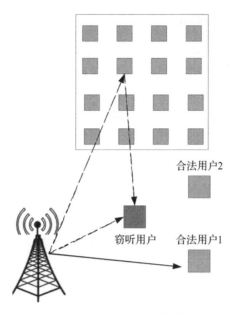

图 3 − 6　RIS 用于安全通信

3.1.4　热点增流和视距多流传输

对于业务密集的热点区域，可以通过 RIS 增加额外的无线通信路径与信道子空间，来提高信号传输的复用增益。尤其在视距传输场景中，引入基于 RIS 的可控信道（图 3 − 7），则收发天线阵列间信道的空间相关特性将会得到很大的改善，可用于数据传输的子空间数目得到增加，极大地提升系统及用户的传输性能。

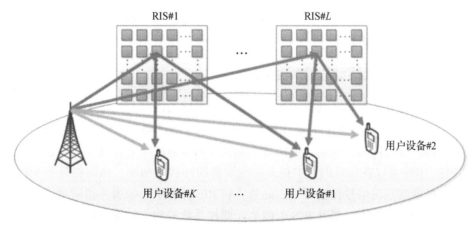

图 3 − 7　基于 RIS 可控信道的视距多流传输（附彩插）

3.1.5　传输稳健性增强

对于高载频通信系统，高波束赋形增益被引入来克服路径损耗的影响。然而，高增益的波束通常具有较窄的波束宽度且易被阻挡，这对接收信号的稳健性会产生影响。通过 RIS 的泛在部署，能够带来更多传输路径，从而增强系统传输稳健性。如图 3 – 8 所示，RIS 产生 2 个反射波束分别对准手机的不同接收面板，这样即使一波束被阻挡，另一波束仍可保证可靠的通信。

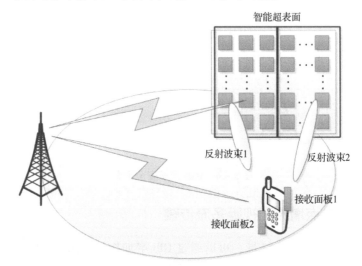

图 3 – 8　RIS 提升传输稳健性

此外，RIS 设备可以实现对多径信道中部分路径参数的操控。通过操控部分路径的幅度和相位，使多径信号在接收端正向叠加，抑制多径效应，提高无线数据的传输稳健性。如图 3 – 8 所示，终端可以接收基站的直射径信号及两个 RIS 的反射波束信号，RIS 反射波束的相位与基站直射径信号相位始终相同，使终端接收信号保持最佳质量。

3.1.6　降低移动边缘网络时延

移动边缘计算在移动网络的边缘、无线接入网的内部及移动用户的近处提供了一个 IT 服务环境和云计算能力。由于 RIS 可以通过调节电磁单元反射参数实现对空间环境的控制，因此，可以带来虚拟阵列增益和反射波束赋形增益。利用该特性，RIS 可以在边缘网络中提升边缘设备的卸载成功率，从而提升整个网络性能，降低端到端信号传输时延。此外，将 RIS 部署于边缘服务器附近，利用边缘服务器的计算能力，提升 RIS 电磁单元调控系数的调节效率，从而带来系统覆盖和传输容量增益，进而降低边缘网络的传输和处理时延，如图 3 – 9 所示。

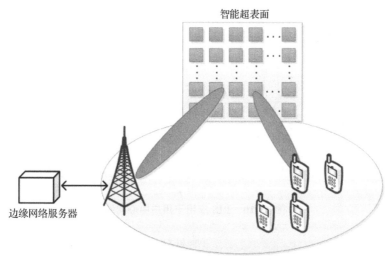

图 3 - 9　RIS 应用于移动边缘网络

3.1.7　用户中心网络

用户中心网络（User Center Network，UCN）通过部署大量无线接入点（Access Point，AP）来代替基站服务于用户。UCN 将这些 AP 分组用来为用户提供高质量的服务，并且确保对每个用户来说，自己像是被服务于网络的中心。然而，在这样复杂的网络环境中，无线信道的动态变化、无线传播环境被障碍物阻挡等问题，都给 UCN 的系统性能提升带来了极大的影响。另外，大量 AP 部署带来的成本和能源消耗、复杂网络中的干扰管理等问题同样是 UCN 中的关键挑战。

由于 RIS 低功耗、低成本、可重配置的特性，将 RIS 部署在 UCN 中能够很好地解决上述问题。借助 RIS，传输的信号能够绕开障碍物，且不会带来较高的能耗和硬件成本。通过对 RIS 元件的合理配置，可以适应无线信道的动态性，且可进一步解决干扰管理问题，并提升通信系统的整体性能，如图 3 - 10 所示。

3.1.8　高精度定位

传统的蜂窝网络提供了无线定位功能，它的定位精度受到有限的基站部署位置、定位基站数量的限制。RIS 可灵活部署在基站服务区域的内部，辅助基站进行定位，提高定位精度。如图 3 - 11 所示，通过测量基站和 RIS 参考信号的到达时间差，在已知基站和 RIS 位置的情况下可计算出手机所在的位置。与传统多基站定位相比，一方面，RIS 具有较大的天线孔径，空间分辨率更好；另一方面，RIS 可以泛在部署，可以解决定位覆盖盲区问题（例如室内场景的高精度定位问题）。

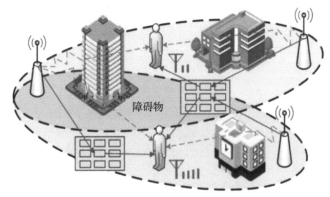

图 3 – 10   RIS 应用于用户中心网络

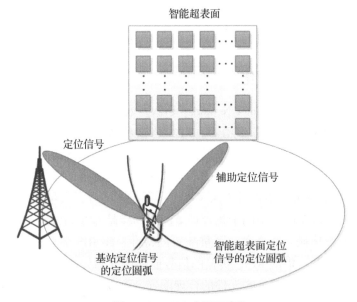

图 3 – 11   RIS 应用于定位

3.1.9   车联网通信

车联网作为产业变革创新的重要催化剂，正推动着汽车产业形态、交通出行模式、能源消费结构和社会运行方式的深刻变化。智能交通和自动驾驶对车联网的通信速率、时延和可靠性等系统性能提出了更加严苛的要求。由于车辆动态性强，车联网的距离有限，使车辆之间的有效通信难以保障。基于 RIS 的车联网系统可以提升车辆的覆盖范围，如图 3 – 12 所示，其以一种类中继的作用提升了车辆之间的有效通信距离，同时，可以减少车联网的覆盖盲区，为车联网的发展提供了新的解决思路与可行方法。

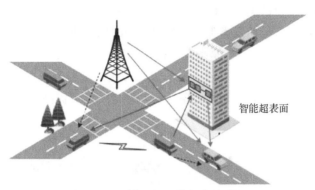

图 3 – 12　基于 RIS 的车联网通信

3.1.10　无人机通信

对高速率和高质量的无线通信服务的需求增长促使无人飞行器（Unmanned Aerial Vehicle，UAV）通信成为热点。得益于 UAV 的高机动性，UAV 可以快速部署在目标区域，从而建立可靠的通信链接。将 RIS 加装在 UAV 低空平台上，可以在热点地区或是覆盖盲区为人们提供很好的通信链路，同时利用 UAV 的灵活性可以实现快捷的部署。无人机基站不受灾害地区基础通信设施的限制，可以快速为灾害地区提供大范围的可靠通信，结合 RIS 可以实现灾区更广覆盖和更高能效的通信，如图 3 – 13 所示。RIS 还可以用于辅助航路覆盖，将 RIS 部署在合适的地面、楼宇侧面或顶部等位置，将地面基站的信号反射至 UAV 空中航线上。由于 RIS 的低成本易部署特性，有望实现大范围的航路信号覆盖。

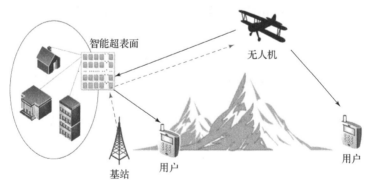

图 3 – 13　基于 RIS 辅助的无人机网络应用场景

3.1.11　能量收集与传输

无线携能通信（Simultaneous Wireless Information and Power Transfer，SWIPT）

是一种新型的无线通信类型，区别于传统无线通信仅仅传播信息的方式，无线携能通信可以在传播传统信息类无线信号时，同时向无线设备传输能量信号，如图 3-14 所示。由于 RIS 反射面是个无源设备，因此其可以作为类中继的作用，将信息与能量混合的信号进行反射，目的是保障传输信号较弱的用户的服务质量，结合能量收集可以有效延长用户设备运行的寿命，进而提高能量效率。

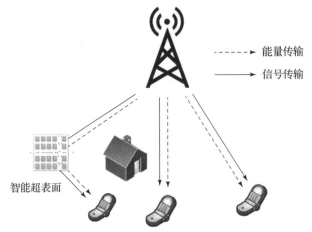

图 3-14　RIS 应用于 SWIPT 系统

在无线功率传输（Wireless Power Transmission, WPT）中，功率发射器只向用户提供能量用来充电，而不传输信息。其应用于家用电子产品充电、电动汽车和医疗植入等领域。将 RIS 应用于 WPT 网络中，一来可以解决反射面的能量供给问题，为无源反射面提供稳定而持续的能量；二来可以通过反射面反射射频能量来为目的用户提供能量供给。这为绿色通信提供了新的解决思路与可行方法。

无线供电通信网络（Wireless Power Supply Communication Network, WPCN）中，用户可以利用手机的能量进行主动通信。在基于 RIS 的 WPCN 场景中，用户可以通过收集来自射频源的能量来进行通信，而射频能量来源可以是射频源直接传输，也可以由反射面进行反射传输；在用户端完成能量收集后，用户利用这部分能量来进行通信，结合 RIS 可以充分提升通信的覆盖范围，减少不必要的通信盲区。

3.1.12　减少电磁污染

电磁污染能影响对人体生物钟起作用的激素和传达神经信息的激素，还会破坏细胞膜。研究表明，电磁污染可直接损伤人体细胞 DNA，促使基因突变而致癌。RIS 能够把信号透射和反射到某一个方向，也可以通过调整幅度的方式，通过电磁的吸收来减少一些场景的电磁污染，同时，把电磁污染的一些波反射到不会产生电磁污染的方向上，从而达到抑制电磁污染的目的，如图 3 – 15 所示。

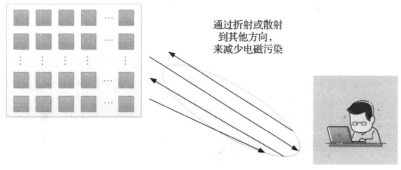

通过折射或散射
到其他方向，
来减少电磁污染

图 3 – 15　RIS 应用于调制电磁干扰幅度

3.1.13　频谱认知分享

在下一代无线通信网络中，频谱将扩展至太赫兹频段，频谱量达到了至少 10 倍的增长。然而，低频频谱在通信的广域覆盖仍然扮演着主要角色。由此采用更加高能效、高频谱效率的可灵活重构频谱复用/重用技术，允许异构的频谱认知共享系统的共存，对于实现更高效的频谱利用与高质量的万物互联互通是十分有益且至关重要的。

通过在认知网络中部署 RIS，利用其可重构无线信道/无线电传播环境的特性，可以进一步提高频谱效率和通信覆盖范围。应用 RIS 辅助的频谱共享技术可实现频谱的动态接入，从而获得更高效的通信和更高的频谱效率。例如，在高密集热点区域或是交通拥塞路段，大量的智能设备需要接入频谱进行数据传输，RIS 辅助的频谱共享技术可以为其提供可靠的频谱接入决策，进行有效的动态频谱接入，如图 3 – 16 所示。

3.1.14　背向反射

考虑一个低功耗的传感器节点，将它嵌入一个用于环境监测的智能超表面。当无线电波撞击智能超表面时，RIS 可被配置成调制模式，将低功率传感器感测的数据编码到散射信号（通过时域散射波形发送感测数据）。这使低功率传感器能够在不产生新的无线信号的情况下将信息携带到环境无线电波中，通过回收现有无线电波进行通信。物联网面临的主要挑战之一是有限的网络寿命，这是由有限容量电池驱动设备的大量部署造成的。在这种情况下，背向反射通信通过入射无线电波的被动反射和调制来传输信息，它已经成为一种有前景的技术，能够以低功耗和低复杂度实现大规模设备的部署连接。

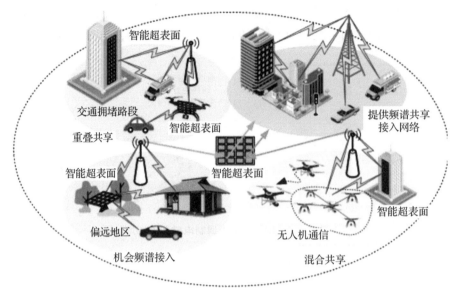

图 3 - 16   RIS 辅助的频谱感知共享网络

3.1.15   基于 RIS 的波束赋形基站

基于 RIS 的波束赋形基站系统是 RIS 研究的热点领域之一。将 RIS 用于基站系统，可以通过其大量的低成本电磁单元智能控制无线信号的反射或透射特性，从而实现波束赋形功能。在实际系统中，通过结合阵面编码优化算法来设计 RIS 的数字编码形式，从而改变单元响应的电磁波幅度/相位，使 RIS 方向图实现增益可控、方向图偏转等能力，以实现波束赋形功能。将具有波束赋形能力的 RIS 与传统数字基带技术相结合，可实现全新形式的无线通信架构。后续可联合设计基站 RIS 处和信道环境中 RIS 处的波束赋形参数，来提高移动通信系统传输速率、覆盖范围、能量效率，并进一步降低成本和功耗[3]。

波束赋形的设计主要包含对多天线的收发机进行预编码与解码矩阵的设计，实现信号定向传输。在基于 RIS 的波束赋形基站中，RIS 等效于具有多比特移相器功能的低成本相控阵天线，因此同样能够实现波束赋形功能。其原型原理图及与传统基站的对比如图 3 - 17 所示。相比于传统基站，其取代了移相器和天线振子部分，减少了射频通道数及功放器数量。RIS 上引入了大量亚波长可调单元，所采用的可调元器件主要为开关二极管或变容二极管。通过控制表面的大量可调元件，可进行更精细的空间相位调控，即对不同位置的单元相位进行调控。不同的相位分布使电磁波的入射、反射、透射特性发生改变，从而实现对反射波或透射波的波束赋形，以更低的成本和功耗实现与传统相控阵相同的波束赋形功能。

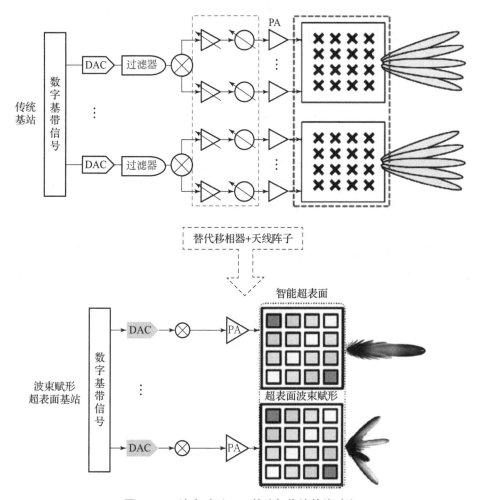

图 3-17 波束赋形 RIS 基站与传统基站对比

基于 RIS 的波束赋形基站基于其可编程特性，可实现外部模拟预编码，并对相应的相位矩阵进行设计。为使编码口面在特定方向产生定向波束，则应使编码单元的辐射场叠加后在该方向形成等相位面。基于 RIS 的波束赋形基站根据特定方向图需求逆向综合出对应的 RIS 编码序列，优化反射或透射的电磁波信号，进行模拟波束赋形，调整波束朝着特定的方向发射信号，从而可以减小所需信号的发送功率、提高频谱效率、扩大覆盖范围并同时削弱干扰。

首先，基于 RIS 的波束赋形基站在满足主用户通信性能需求的同时，采用低比特调控单元能够有效降低成本。但是采用低比特的调控单元，将会导致大角度的波束赋形栅瓣增加，导致其他用户通信性能恶化，多个用户同时通信组网情况下，可能会对其他小区甚至对不同运营商网络产生干扰，故将低比特 RIS 基站用于多用户、热点补充等场景可能会出现问题。其次，超材料面板由千百个周期单元集成，RIS 上部分调控元件的故障会导致超材料单元功能无法达到预期效果，而故障单元难以进行排查和维修。当故障超材料单元数量增多，会造成整体超材料的电磁波调控性能下降，如波束增益降低、波束指向偏差、旁瓣增加等问题。

3.2 基本通信模型

RIS 应用场景包括非视距场景增强、解决局部空洞、支持边缘用户、实现安全通信、减少电磁污染、无源物联网、高精度定位以及通信感知一体化等[5-9]。为了更好地发挥 RIS 通信系统的潜力，真实的信道测量、通信性能分析、准确的信道估计、灵活的波束赋形以及 AI 使能设计都至关重要。一般的 RIS 辅助三节点通信系统如图 3 - 19 所示，该系统由一个发射机、一个接收机和具有大规模电磁单元的 RIS 组成。

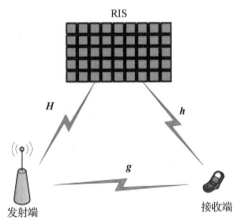

图 3 - 18 RIS 辅助三节点通信系统

接收端接收到的信号 y 可表示为：

$$y = \beta(h\boldsymbol{\Phi}H + g)s + n \qquad (3-1)$$

式中，h 为 RIS 与接收端间的信道系数；$\boldsymbol{\Phi}$ 为 RIS 的可调相移对角矩阵；H 为发送端与 RIS 间的信道系数，因此，$h\boldsymbol{\Phi}H$ 为从发射端经过 RIS 到达接收端的等效信道增益；g 为接收端和发射端之间的直达信道；s 为发送端发送的信号；n 为高斯白噪声。当使用 RIS 辅助通信时，RIS 单元反射的信号可以表示为入射信号与该单元反射系数的乘积。由于 RIS 的准无源特性，辐射过程引入的热噪声可忽略。

优化的方式一般是通过设计 RIS 的相移矩阵，使 RIS 的反射信号在用户端同相叠加，增大用户端接收的信噪比，从而提高了系统的传输速率。类似地，该模型可以很容易推广至多基站多 RIS 的场景中。得益于 RIS 提供的信道自由度，根据不同场景的需求，未来需要定制 RIS 调控矩阵，进一步实现多种场景下传输性能的提升。

参 考 文 献

［1］IMT - 2030（6G）推进组. 智能超表面技术研究报告［R/OL］.［2021 - 09 - 17］. https：//www. imt2030. org. cn.

［2］Huang C，Hu S，Alexandropoulos GC，et al. Holographic MIMO surfaces for 6G wireless networks：Opportunities，challenges，and trends［J］. IEEE Wireless Communications，2020，27（5）：118 - 125.

［3］中国移动通信有限公司研究院. 6G 信息超材料技术白皮书［R/OL］.［2022 - 02 - 25］. https：//www. tmtpost. com/watch/CmGtlV.

［4］Cui T J，Qi M Q，Wan X，et al. Coding metamaterials，digital metamaterials and programmable metamaterials［J］. Light：Science & Applications，2014，3（10）：e218 - e218.

［5］Zhang Y，Zhang J，Di Renzo M，et al. Performance analysis of RIS - aided systems with practical phase shift and amplitude response［J］. IEEE Transactions on Vehicular Technology，2021，70（5）：4501 - 4511.

［6］Du H，Zhang J，Cheng J，et al. Millimeter wave communications with reconfigurable intelligent surfaces：Performance analysis and optimization［J］. IEEE Transactions on Communications，2021，69（4）：2752 - 2768.

［7］Zhang J，Du H，Sun Q，et al. Physical layer security enhancement with reconfigurable intelligent surface - aided networks［J］. IEEE Transactions on Information Forensics and Security，2021，16（1）：3480 - 3495.

［8］Zhang J，Liu H，Wu Q，et al. RIS - aided next - generation high - speed train communications：Challenges，solution，and future directions［J］. IEEE Wireless Communications，2021，28（6）：145 - 151.

［9］Sun Q，Qian P，Duan W，et al. Ergodic rate analysis and IRS configuration for multi - IRS dual - hop DF relaying systems［J］. IEEE Communications Letters，2021，25（10）：3224 - 3228.

第4章

智能超表面：信道估计问题

智能超表面的原理是对多个超表面单元进行调整，确保合成信道条件最优，因此智能超表面的最优配置参数取决于具体的信道条件。为了配置智能超表面，首先需要对信道条件进行估计，本章从智能超表面信道估计的技术难点切入，然后介绍基于人工智能的解决方案。

4.1 现有工作与技术难点分析

4.1.1 现有工作

RIS 辅助通信的信道估计面临比传统通信场景信道估计更为严峻的挑战。大多数 RIS 采用全被动元素，仅配备了简单的板载信号处理单元，只能反射电磁波，并不具备复杂的信号处理能力，这使信道状态信息的获取存在困难。基于部分主动元素的 RIS[1] 则采用具备一定感知和信号处理功能的单元替代被动电磁单元，以自主获取 CSI。

同时，在 RIS 辅助通信系统中，通常 BS 和 RIS 固定部署，BS 和 RIS 之间的信道维度高，但变化缓慢，可视为准静态；而 UE 处于移动状态，UE 到 BS 及 RIS 之间的信道时变，但维度较低。因此，可以利用信道的双时间尺度特性进行分段信道估计。即 UE 的低维移动信道需要频繁估计，但是高维准静态的 BS - RIS 信道不需要频繁估计，由此总体导频开销得以降低[2]。基于位置信息的信道估计方法是一种可能的 RIS 信道估计方案，利用 BS 和 RIS 位置固定的特点及 RIS 单元阵列特性，设计低复杂度的信道估计方法来获得信号到达角等关键信息。

将 RIS 电磁单元分组调度可以提高系统设计的灵活性。可以用 RIS 电磁单元优化分组来估计高维 RIS 无线信道[1]和多用户信道[3]，或通过优化 RIS 电磁单元分组和训练序列来最大化可达速率[4]。

也可以通过挖掘 RIS 级联信道的结构化稀疏特征，提升信道反馈性能并显著降低信道估计开销。可以利用 RIS 信道矩阵低秩特性，构造联合稀疏矩阵并设计矩阵填充问题来实现级联信道估计[5]。可以利用多用户信道在角度域的稀疏性来降低导频开销[3]。可以利用信道模型的结构来估计信道，将 RIS 面板划分为不同的子块，每个子块在不同的估计时隙中用不同的相位矩阵依次估计出待估计的信道[6]。

为充分利用采集数据的信息或解决信道模型未知情况下的信道估计和反馈问题，可以采用基于 AI 的新方法。文献 [7] 提出了一种基于 DL 的方法，设计双卷积神经网络（CNN）分别建立接收导频信号 – 直连信道和导频信号 – 级联信道之间的端到端映射，仿真结果显示，在较差的信道条件下，信道估计的结果依然能够达到一个可观的精确度。

4.1.2 存在的问题与技术难点

为了设计 RIS 辅助通信系统，在 RIS 辅助的无线通信系统中，CSI 的获取是一个需要解决的重要问题。在由传统有源设备（如中继器）协作的无线通信系统中，可以基于主动设备发送的导频训练序列来估计 CSI。然而，在基于 RIS 的协作通信系统中，由大量无源反射单元组成的无源 RIS 没有配备射频链，不具备主动收发和信号处理能力。因此，当 BS 或 UE 处于活动状态时，将在其中估计包含大量未知参数的 CSI，这无疑给信道估计带来了巨大的困难和挑战。

大多数先前的工作假设具有 BS、UE 及 RIS 之间的所有单独信道的理想 CSI，并且这些 CSI 对 BS 和 RIS 来说是已知的。基于 RIS 的信道估计和反馈具有以下挑战：

• RIS 只能无源地反射信号，没有信号传输/处理能力，不具备 RF 链和信号放大器，这导致了在实际中难以估计 RIS 与 BS 和 UE 之间的信道。

• RIS 通常由大量反射元件组成。传统的"一次性"信道估计，即一次计算所有 RIS 反射元件的级联信道，需要较长的导频长度，并且该长度随着反射元件的增加而增加，导致过多的导频开销。此外，大量的 RIS 单元还会造成高维信道矩阵、复杂的信道估计和高反馈开销。

• 信道互易性的前提不一定成立，这使信道上行链路和下行链路难以同时估计。

4.2 基于人工智能的解决方案

基于 4.1 节所提到的 RIS 辅助通信系统中信道估计与反馈中的技术难点，

本节将介绍文献 [7] 中提出的一种基于 CNN 和 DL 的信道估计算法，将 DL 框架引入 RIS 辅助的大规模 MIMO 系统，针对直连信道和级联信道分别设计 CNN 结构，根据接收的导频信号分别估计直连信道和级联信道，在多用户通信场景中，每个用户都可以接入该 CNN 来相应地估计自己的信道系数。CNN 被馈送接收到的导频信号，并且它在接收到的导频信号和信道数据之间构建非线性关系。

4.2.1 系统模型

本节将分别介绍 RIS 辅助大规模 MIMO 的通信信号模型和信道模型。

4.2.1.1 通信信号模型

如图 4-1 所示，一个 RIS 辅助多天线基站和 K 个用户之间的通信，其中，基站的天线数为 M，RIS 具有 L 个无源反射单元，用户均为单天线。

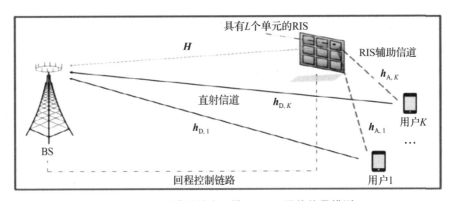

图 4-1 RIS 辅助的大规模 MIMO 通信信号模型

因此，基站通过基带预编码 $F = [f_1, \cdots, f_K] \in \mathbb{C}^{M \times K}$ 将 K 个数据符号 $s_K \in \mathbb{C}^{M \times K}$ 通过 M 个天线发送，则发送信号为 $\bar{s} = \sum_{k=1}^{K} \sqrt{\gamma k} \bar{f}_k s_k$，其中，$\bar{f}_k = \dfrac{f_k}{\|f_k\|_2}$，$\gamma_k$ 为用户 k 分配的功率。则用户 k 的接收信号可以表示为：

$$y_k = (h_{\mathrm{D},k}^H + h_{\mathrm{A},k}^H \Psi^H H^H) \bar{s} + n_k \qquad (4-1)$$

式中，$n_k \sim \mathcal{CN}(0, \sigma_n^2)$；$h_{\mathrm{D},k} \in \mathbb{C}^M$ 代表 BS 和第 k 个用户之间的直连信道；$h_{\mathrm{A},k} \in \mathbb{C}^L$ 和 $\Psi \in \mathbb{C}^{L \times L}$ 分别代表 RIS 到第 k 个用户的信道和 RIS 的反射系数矩阵，即 $\Psi = \mathrm{diag}\{\beta_1 \exp(\mathrm{j}\phi_1), \cdots, \beta_L \exp(\mathrm{j}\phi_L)\}$，$\beta_l \in \{0, 1\}$ 代表 RIS 反射单元的开关状态，$\phi_l \in [0, 2\pi)$ 代表反射单元的相移。最后，$H \in \mathbb{C}^{M \times L}$ 代表 BS 和 RIS 之间的信道。

4.2.1.2　信道模型

在毫米波传输中，信道可以建模为 SV 散射几何信道模型。即分别对 $\boldsymbol{H}$、$\boldsymbol{h}_{\mathrm{A},k}$ 和 $\boldsymbol{h}_{\mathrm{D},k}$ 进行信道建模，它们的多径数分别为 N_{H}、N_{A} 和 N_{D}。因此，上述信道可以分别表示为：

$$\boldsymbol{h}_{\mathrm{D},k} = \sqrt{\frac{M}{N_{\mathrm{D}}}} \sum_{n_{\mathrm{D}}=1}^{N_{\mathrm{D}}} \alpha_{\mathrm{D},k}^{(n_{\mathrm{D}})} \boldsymbol{a}_{\mathrm{D}}\left(\theta_{\mathrm{D},k}^{(n_{\mathrm{D}})}\right) \tag{4-2}$$

$$\boldsymbol{h}_{\mathrm{A},k} = \sqrt{\frac{L}{N_{\mathrm{A}}}} \sum_{n_{\mathrm{A}}=1}^{N_{\mathrm{A}}} \alpha_{\mathrm{A},k}^{(n_{\mathrm{A}})} \boldsymbol{a}_{\mathrm{A}}\left(\theta_{\mathrm{A},k}^{(n_{\mathrm{A}})}\right) \tag{4-3}$$

$$\boldsymbol{H} = \sqrt{\frac{M_{\mathrm{L}}}{N_{\mathrm{H}}}} \sum_{n_{\mathrm{H}}=1}^{N_{\mathrm{H}}} \alpha^{(n_{\mathrm{H}})} \boldsymbol{a}_{\mathrm{BS}}\left(\theta_{\mathrm{BS}}^{(n_{\mathrm{H}})}\right) \boldsymbol{a}_{\mathrm{LIS}}^{H}\left(\theta_{\mathrm{LIS}}^{(n_{\mathrm{H}})}\right) \tag{4-4}$$

式中，$\{\alpha_{\mathrm{D},k}^{(n_{\mathrm{D}})}, \alpha_{\mathrm{A},k}^{(n_{\mathrm{A}})}\}$ 和 $\{\theta_{\mathrm{D},k}^{(n_{\mathrm{D}})}, \theta_{\mathrm{A},k}^{(n_{\mathrm{A}})}\}$ 分别代表复信道增益和相应信道不同接收径的空间角；$\boldsymbol{a}_{\mathrm{D}}(\theta)$ 和 $\boldsymbol{a}_{\mathrm{A}}(\theta)$ 是 $M \times 1$ 和 $L \times 1$ 的阵列响应向量，可以分别写作 $\boldsymbol{a}_{\mathrm{D}}(\theta) = \frac{1}{\sqrt{M}}\left[\mathrm{e}^{\mathrm{j}\omega_0}, \mathrm{e}^{\mathrm{j}\omega_1}, \cdots, \mathrm{e}^{\mathrm{j}\omega_{M-1}}\right]^{\mathrm{T}}$ 和 $\boldsymbol{a}_{\mathrm{A}}(\theta) = \frac{1}{\sqrt{L}}\left[\mathrm{e}^{\mathrm{j}\omega_0}, \mathrm{e}^{\mathrm{j}\omega_1}, \cdots, \mathrm{e}^{\mathrm{j}\omega_{L-1}}\right]^{\mathrm{T}}$，其中，$\omega_n = n \frac{2\pi d}{\lambda} \cdot \pi \sin(\theta)$，$d = \lambda/2$ 表示天线间距。在式（4-4）中，$\{\theta_{\mathrm{BS}}^{(n_{\mathrm{H}})}, \theta_{\mathrm{LIS}}^{(n_{\mathrm{H}})}\}$ 分别代表该径的出发角（AoD）和到达角（AoA）。为了便于分析，可以将 BS-RIS-UE 之间的级联信道写作 $\boldsymbol{G}_k = \boldsymbol{H}\boldsymbol{\Gamma}_k$，其中，$\boldsymbol{\Gamma}_k = \mathrm{diag}\{\boldsymbol{h}_{\mathrm{A}},k\}$，因此可以得到 $\boldsymbol{H}\boldsymbol{\Psi}\boldsymbol{h}_{\mathrm{A},k} = \boldsymbol{G}_{k\psi}$，其中，$\boldsymbol{\Psi} = \mathrm{diag}\{\boldsymbol{\psi}\}$。

在这篇文献中，作者的目标是对下行传输中的直连信道和级联信道 $\{\boldsymbol{h}_{\mathrm{D},k}, \boldsymbol{G}_k\}$ 进行估计，在下一节将介绍如何利用深度网络 ChannelNet 根据接收的导频信号对上述信道进行估计。

4.2.2　算法模型

本节将分别介绍数据集的设计、CNN 输入设计、网络架构和训练过程。

4.2.2.1　数据集设计

考虑 BS 发送正交导频信号 $\boldsymbol{x}_p \in \mathbb{C}^M$ 的下行链路场景，每次导频发送都在一个独立的相干时间内，共 P 个导频信号，其中 $P \geqslant M$，因此，第 k 个用户的接收信号为：

$$\boldsymbol{y}_k = \left(\boldsymbol{h}_{\mathrm{D},k}^H + \boldsymbol{\psi}^H \boldsymbol{G}_k^H\right)\boldsymbol{X} + \boldsymbol{n}_k \tag{4-5}$$

式中，$\boldsymbol{X} = [\boldsymbol{x}_1, \boldsymbol{x}_2, \cdots, \boldsymbol{x}_P] \in \mathbb{C}^{M \times P}$ 为导频信号矩阵；$\boldsymbol{y}_k = [y_{k,1}, y_{k,2}, \cdots, y_{k,P}]$；$\boldsymbol{n}_k \sim \mathcal{CN}(0, \sigma_n^2 \boldsymbol{I}_P)$。

导频训练包含两个阶段：直连信道 $\boldsymbol{h}_{\mathrm{D},k}$ 估计和级联信道 $\boldsymbol{G}_k$ 估计。在第一阶

段，所有的 RIS 反射单元处于关闭状态，即 $\beta_l = 0$，$\forall l$，则在这个阶段，接收基带信号可以表示为：

$$y_D^{(k)} = h_{D,k}^H X + n_{D,k} \tag{4-6}$$

这里，将直连信道 $h_{D,k}$ 作为相应网络输入 $y_D^{(k)}$ 的标签。

在第二阶段，对级联信道 G_k 的估计可以通过两种方法实现，在第一种方法中，当每个 RIS 单元逐个接通时，发送 $P = M$ 个导频信号。对于第 l 帧，反射系数向量为 $\psi^{(l)} = [0, \cdots, 0, \psi_l, 0, \cdots, 0]^T$，此时用户 k 的接收信号变成：

$$y_C^{(k,l)} = (h_{D,k}^H + g_{k,l}^H) X + n_{k,l} \tag{4-7}$$

$g_{k,l}^H$ 代表 G_k 的第 l 列，则对 $g_{k,l}^H$ 的最小二乘估计为：

$$\hat{g}_{k,l} = (y_C^{(k,l)} X^H (XX^H)^{-1})^H - h_{D,k} \tag{4-8}$$

通过利用一阶段估计得到的直连信道 $\hat{h}_{D,k}$，可以根据式（4-8）解出 $\hat{g}_{k,l}$，$l = 1, 2, \cdots, L$，接着可以构建出估计的级联信道 $\hat{G}_k = [\hat{g}_{k,1}, \hat{g}_{k,2}, \cdots, \hat{g}_{k,L}]$。

在第二种方案中，信道估计是在所有 RIS 元素都处于打开状态下进行的，在这种方案下，级联信道 G_k 的 L 列是通过导频矩阵 $\bar{X} \in \mathbb{C}^{ML \times ML}$ 联合估计的。令 $\bar{\psi} = 1_L$，则可以得到 $ML \times 1$ 的接收信号：

$$\bar{y}_C^{(k)} = (\bar{h}_{D,k}^H + \bar{g}_k^H) \bar{X} + \bar{n}_k \tag{4-9}$$

式中，$\bar{h}_{D,k} = 1_L \otimes h_{D,k}$，$\otimes$ 代表克罗内克积；$\bar{g}_k = [g_{k,1}^T, g_{k,2}^T, \cdots, g_{k,L}^T]^T$，则 $\bar{g}_k$ 的最小二乘估计为：

$$\hat{\bar{g}}_k = (\bar{y}_C^{(k)} \bar{X}^H (\bar{X}^X)^{-1})^H - \bar{h}_{D,k} \tag{4-10}$$

如果使用完全正交导频，式（4-8）与式（4-10）估计所得到的结果相同，当导频信号相关时，式（4-8）提供了更好的结果。

4.2.2.2 网络输入/输出设计

根据上一节的分析，对直连信道和级联信道的估计所涉及的输入–输出对分别是 $\{y_D^{(k)}, h_{D,k}\}$ 和 $\{y_C^{(k,l)}, g_{k,l}\}$，为了作为深度网络的输入，需要使用接收信号每个条目的实部、虚部和绝对值，因为三通道数据的使用可以丰富输入数据继承的特征，从而改善网络性能。

继承上一节的分析，定义 X_{DC} 和 X_{CC} 分别为直连信道和级联信道估计深度网络的输入，则 X_{DC} 的维度为 $\sqrt{M} \times \sqrt{M} \times 3$，即将原始输入 $y_D^{(k)}$ 分割成 $\sqrt{M}$ 个长度为 $\sqrt{M}$ 的子段，横向拼接形成二维张量。X_{DC} 的三通道与原始输入 $y_D^{(k)}$ 的对应关系分别为 $\text{vec}\{[X_{DC}]_1\} = \text{Re}\{y_D^{(k)}\}$，$\text{vec}\{[X_{DC}]_2\} = \text{Im}\{y_D^{(k)}\}$，$\text{vec}\{[X_{DC}]_3\} = |y_D^{(k)}|$。同样地，级联信道估计的输入 X_{DC} 的维度为 $ML \times 3$。

在网络的输出方面，直连信道估计的输出 $z_{\mathrm{DC}} = \left[\mathrm{Re}\{\boldsymbol{h}_{\mathrm{D},k}\}^{\mathrm{T}}, \mathrm{Im}\{\boldsymbol{h}_{\mathrm{D},k}\}^{\mathrm{T}}\right]^{\mathrm{T}}$ 是信道实部和虚部数值的纵向堆叠向量，级联信道估计的输出为 $z_{\mathrm{CC}} = \left[\mathrm{Re}\{\mathrm{vec}\{\boldsymbol{G}_k\}\}^{\mathrm{T}},\right.$ $\left.\mathrm{Im}\{\mathrm{vec}\{\boldsymbol{G}_k\}\}^{\mathrm{T}}\right]^{\mathrm{T}}$，分别是 $2M \times 1$ 和 $2ML \times 1$ 的向量。

4.2.2.3　CNN 结构设计与训练

根据前两节的分析，信道估计包括两部分：直连信道估计和级联信道估计。因此，文献［7］中所提出的深度神经网络架构包含两个独立的 CNN，如图 4-2 所示，每个 CNN 包含 9 层网络，第 1 层为输入层，第 2~4 层为卷积层（CL），第 5 层和第 7 层为全连接层（FCL），分别包括 1 024 和 2 048 个参数，每个 FCL 后都包含一个 dropout 层，随机丢失概率为 0.5，最后一层为回归层。优化器采用随机梯度下降（SGD）算法，最小批量为 128，学习率为 0.000 2，当 3 个 epoch 没有精度提升时，则停止训练。

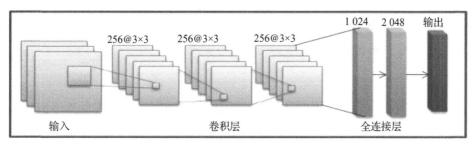

图 4-2　深度神经网络结构

4.2.3　仿真结果与分析

本节通过与现有基于 DL 的方法进行比较，评估了 ChannelNet 框架的性能，设置仿真参数为 $P = M = 64$，$L = 100$，$K = 8$，多径数量为 $N_{\mathrm{H}} = N_{\mathrm{A}} = N_{\mathrm{D}} = 10$。为了确保实验的鲁棒性，设置了三种不同信噪比下的信道环境，即 SNR $= \{10, 20,$ $30\}$ dB，除此之外，还在标签中添加了合成噪声，即 $\mathrm{SNR}_{\mathrm{H}} = \mathrm{SNR}_{\mathrm{G}} = \{20, 30\}$ dB。数据集的 70% 和 30% 分别被分割为训练集和验证集。当模型训练完成后，利用新生成的导频数据进行前向预测，通过 $J = 100$ 次蒙特卡洛实验的平均归一化均方误差（NMSE）来评估模型的性能，对于级联信道 $\boldsymbol{G}_k$ 来说，NMSE 为 $\frac{1}{J}\sum_{j=1}^{J}\|\boldsymbol{G}_k - \hat{\boldsymbol{G}}_k^{(j)}\|\mathcal{F}/\|\boldsymbol{G}_k\|_F$。

图 4-3 给出了直连信道和级联信道相对于 SNR 的信道估计结果。可以看到，基于 DL 的方法比最小二乘（LS）估计[7] 具有更好的 NMSE，这是因为它们具有更好的从接收导频到信道数据的映射架构。在基于 DL 的技术中，与其

他技术相比，ChannelNet 具有优异的性能。ChannelNet 的有效性是由于卷积层和全连接层的联合使用，而 MLP 和 SF - CNN 分别只具有全连接层或卷积层的结构。虽然全连接层在构建输入和输出之间的非线性映射方面非常强大，但在生成新特征以丰富映射性能时，卷积层在 DL 网络中扮演着非常重要的角色。同时还观察到，基于 DL 的方法在高 SNR 下性能达到饱和，这是因为神经网络具有有偏性，它不提供无限的精度，通过增加各个网络层中的单元数量可以缓解此问题。但当测试数据与训练中的数据不同时，可能会导致网络记忆训练数据，并表现不佳。为了平衡这种现象，在训练期间使用了有噪声的数据集，以便网络对不完美输入具有合理的容忍度。

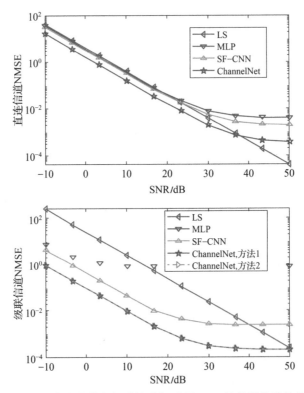

图 4 - 3　直连信道和级联信道相对于 SNR 的信道估计结果

图 4 - 4 测试了模型相对于受损导频的性能，并得到了算法相对于导频数据 SNR 的性能，信道的 SNR 固定为 10 dB。根据仿真结果，可以观察到所有算法需要 SNR_x 至少达到 20 dB 才能提供令人满意的 NMSE 性能，并且所提 DL 算法在所有方法中具有优异的性能。可以发现，在对级联信道的估计中，第一种方案相较于第二种方案对于导频破坏具有更强的鲁棒性。

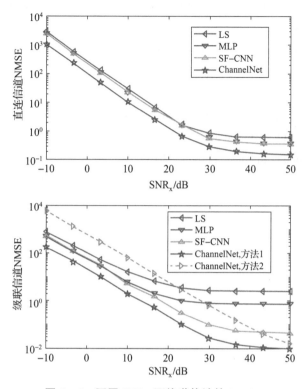

图 4-4　不同 SNR_x 下信道估计的 NMSE

参 考 文 献

[1] Taha A, Alrabeiah M, Alkhateeb A. Enabling large intelligent surfaces with compressive sensing and deep learning [J]. IEEE Access, 2021 (9): 44304-44321.

[2] Hu C, Dai L, Han S, et al. Two-timescale channel estimation for reconfigurable intelligent surface aided wireless communications [J]. IEEE Transactions on Communications, 2021, 69 (11): 7736-7747.

[3] Wei X, Shen D, Dai L. Channel estimation for RIS assisted wireless communications—Part Ⅱ: An improved solution based on double-structured sparsity [J]. IEEE Communications Letters, 2021, 25 (5): 1403-1407.

[4] Liu H, Zhang J, Wu Q, et al. ADMM based channel estimation for RISs aided millimeter wave communications [J]. IEEE Communications Letters, 2021, 25 (9): 2894-2898.

[5] He Z Q, Yuan X. Cascaded channel estimation for large intelligent metasurface as-

sisted massive MIMO［J］. IEEE Wireless Communications Letters，2020，9 （2）：210 - 214.

［6］ Zheng B，Zhang R. Intelligent reflecting surface - enhanced OFDM：Channel estimation and reflection optimization ［J］. IEEE Wireless Communications Letters，2020，9 （4）：518 - 522.

［7］ Elbir A M，Papazafeiropoulos A，Kourtessis P，et al. Deep channel learning for large intelligent surfaces aided mm - wave massive MIMO systems ［J］. IEEE Wireless Communications Letters，2020，9 （9）：1447 - 1451.

第 5 章

智能超表面：反射系数优化问题

最优反射系数配置是实现智能超表面功能的关键，本章首先介绍现有的工作进展并分析相关的技术难点，然后分别基于联邦学习和进化策略理论对智能超表面反射系数进行优化。

5.1 现有工作与技术难点分析

5.1.1 现有工作

在 RIS 辅助无线通信网络的波束成形设计中，为了充分利用部署 RIS 所带来的新的通信自由度，通常需要对 RIS 的无源反射波束成形与通信网络中的有源主动波束成形进行联合优化设计。文献 [1] 考虑在给定用户信噪比（Signal to Noise Ratio，SNR）约束的情况下，联合优化 AP 处的主动发射波束成形和 RIS 处的被动反射波束成形，以最小化 RIS 辅助多用户通信系统的总发射功率，通过应用 SDR 和交替优化技术，有效地权衡系统性能和计算复杂度。文献 [2] 针对 RIS 辅助点对点 MIMO 通信，联合优化 RIS 反射系数和发射协方差矩阵，以最大化通信系统的信道容量，并提出了一种交替优化算法，在其他变量不变的情况下，迭代优化一个目标变量来寻找局部最优解。为了提高接收机的可达速率，文献 [3] 提出了一种基于 DL 的方法来设计 RIS 配置矩阵（即相移系数矩阵），该方法利用采样 CSI 进行 RIS 训练。在实际实践中，进行 RIS 的被动波束成形设计时，为了寻找 RIS 处的最佳相移及振幅离散值，其计算复杂度将随着反射元件数量的增加而呈指数增长，因此，实际的做法是首先放宽这些约束，利用连续的相移或振幅值求解近似解，然后在系统性能和计算复杂度之间进行适当的折中。

5.1.2 存在的问题与技术难点

通过在无线通信网络中密集部署 RIS 并巧妙地协调其反射信道，可以灵活地重新配置发射机和接收机之间的无线信道，以调控信号的传播，这使 RIS 成为智能可重构无线通信环境的创新推动者。但是，RIS 辅助无线通信网络的设计和实现也面临着全新的独特的挑战，具体阐述如下：

（1）需要适当设计在 RIS 处每个反射元件的无源反射系数（无源被动波束成形），以在其局部附近实现对入射信号的协同增强或干扰消除。

（2）为了充分利用部署 RIS 所带来的新的通信自由度，需要对 RIS 的无源反射优化与通信网络中的主动传输（如 BS、AP 等）进行联合优化设计，以最大限度地服务网络中的所有用户。但是，由于 RIS 通常不配备有 RF 链，因此如何获取 RIS 与其服务的用户之间的 CSI 将至关重要。

（3）RIS 辅助无线通信过程中对用户隐私的保护尚未得到充分的研究。

（4）如何在复杂的无线通信网络中实现多个 RIS 的最佳部署策略以最大限度地提高网络性能，也是在设计 RIS 辅助无线通信网络时所面临的关键问题。

5.2 联邦学习基础理论

手机和平板电脑越来越多地成为人们主要使用的计算设备[4,5]。这些设备上有强大的传感器（包括摄像头、麦克风和 GPS），它们可以获得大量的数据，其中大部分在本质上来说是私人信息。在这些数据上学习的模型希望通过支持更智能的应用程序来大大提高可用性，但由于数据的敏感性，将其存储在一个集中的位置存在风险。联邦学习允许用户享受从这些丰富的数据中训练出来的共享模型的好处，而又不需要集中存储这些数据，具体方法为：每个客户端都有一个本地训练数据集，但它不需要上传到服务器，取而代之的是，每个客户端对服务器维护的当前全局模型进行计算更新，并且只传输更新的网络模型参数。

5.2.1 联邦学习模型

5.2.1.1 联邦学习

联邦学习的理想问题具有以下属性：

（1）对来自移动设备的真实数据进行训练，比对数据中心提供的代理数据进行训练具有明显的优势。

（2）该数据对隐私敏感或数据量较大（与模型的大小相比），所以最好不要纯粹为了训练模型而将数据上传到数据中心（服从集中收集原则）。

（3）对于有监督任务，数据上的标签可以自然地从用户交互中推断出来。

许多支持移动设备上智能行为的模型都符合上述标准。举两个例子：一是图像分类，例如，预测哪些照片最有可能被多次浏览或共享；二是语言模型，它可以通过改进解码、下一个单词预测，甚至预测整个回复来改善触摸键盘上的语音识别和文本输入[6]。这两个例子的潜在训练数据可能对隐私很敏感（用户拍摄的所有照片和他们在触摸键盘上输入的所有内容，包括密码、网址、消息等）。它们的分布也可能与容易获得的代理数据集有很大不同：在聊天和短信中使用的语言通常与标准语言语料库（如维基百科和其他网络文档中的语言）不甚相同；人们在手机上拍摄的照片也可能与典型的网络相册中的照片差异很大。最后，这些问题的标签是直接可用的：输入的文本被自标记用于学习语言模型，照片标签可以通过用户与他们的照片应用程序的自然交互来定义（照片会被删除、共享或查看）。

这两项任务都很适合用于神经网络的学习。为人所熟知的用于图像分类的前馈深度网络，特别是卷积网络，已提供了最先进的结果[7,8]；用于语言建模任务的递归神经网络，尤其是 LSTM，也已经取得了最先进的结果[9-11]。

5.2.1.2 隐私

与存储数据的数据中心训练相比，FL 具有明显的隐私优势。因为即使是一个"匿名"的数据集，也可能通过与其他数据的连接而危及用户的隐私[12]。相比之下，为 FL 传输的信息是改进特定模型所需的最小更新，显然隐私利益的风险程度取决于更新的内容。更新本身可以也应该是短暂的，它们永远不会比原始训练数据包含更多的信息（数据处理具有不对等性），而且通常会少得多。此外，聚合算法不需要知道更新的来源，因此，更新可以通过不识别数据的 Tor[13] 等混合网络或通过可信的第三方来识别元数据的情况下进行传输。

5.2.1.3 联邦优化

FL 中隐式的优化问题被称为联邦优化，它可与分布式优化建立联系和对比。联邦优化具有区别于典型的分布式优化问题的几个关键特性：

（1）非 IID：给定客户端上的训练数据通常基于特定用户对移动设备的使用情况，因此，任何特定用户的本地数据集都不能代表用户分布。

（2）不平衡性：类似地，一些用户会比其他用户更多地使用该服务或应用程序，从而导致本地训练数据量的不同。

（3）大规模分布：预计参与优化的客户端数量将远远大于每个客户端的平均实例数量。

（4）受限的通信：移动设备经常离线、连接缓慢、昂贵。

除此之外，一个部署的联邦优化系统还必须解决无数的实际问题：客户端数据集随着数据的添加和删除而变化；与本地数据分发相关的客户端可用性变化（例如，说美国英语的电话可能在说英国英语时插入）；从不反馈更新或发送受损更新的用户。

文献［14］中使用一个适合实验的受控环境解决了客户端可用性、不平衡和非 IID 数据的关键问题。假设有一个同步更新方案在几轮通信中进行，有个固定的 K 个客户端集合，每个客户端都有一个固定的本地数据集。在每一轮开始时，选择一个随机的客户端 C，服务器将当前的全局算法状态（例如当前的模型参数）发送给每个客户端。为了提高效率，只选择了一小部分客户，因为实验表明，在某一数量之后增加更多客户端的收益会递减。接着，每个选定的客户端根据全局状态及其本地数据集执行本地计算，并向服务器发送一个更新，服务器将这些更新合并进全局参数，然后重复此过程。

当关注非凸神经网络目标时，文献［14］中所考虑的算法适用于任何形式的模型和目标：

$$\min_{w \in \mathbf{R}^d} f(w) \text{ where } f(w) \stackrel{\text{def}}{=\!=\!=} \frac{1}{n} \sum_{i=1}^{n} f_i(w) \tag{5-1}$$

对一个机器学习问题，通常采用 $f_i(w) = \ell(x_i, y_i; w)$，也就是说，用模型参数 w 做出实例 (x_i, y_i) 上的预测损失。假设有 K 个客户端对数据进行分区，$\mathcal{P}_k$ 是客户端 k 上数据点的索引集，$n_k = |\mathcal{P}_k|$。因此，可以将目标（5-1）改写为：

$$f(w) = \sum_{k=1}^{K} \frac{n_k}{n} F_k(w) \text{ where } F_k(w) = \frac{1}{n_k} \sum_{i \in \mathcal{P}_k} f_i(w) \tag{5-2}$$

如果分区 $\mathcal{P}_k$ 是通过将训练实例均匀随机分配在客户端上而形成的，那么将有 $\mathbb{E}_{\mathcal{P}_k}[F_k(w)] = f(w)$，其中，期望超过分配给固定客户端 k 的示例集。这是通常由分布式优化算法做出的 IID 假设；将这种情况不成立的情形（即 F_k 可能是 f 的任意偏离近似）作为非 IID 设置。

在数据中心优化中，通信成本相对较小，而计算成本占主导地位，计算的重点都是使用 GPU 来降低这些成本。相比之下，在联邦优化中，通信成本占主导地位——通常会受到 1 MB/s 或更少的上传带宽的限制。客户通常只有在充电、接入和使用免费的 Wi-Fi 连接时才会自愿参与优化。此外，预计每个客户每天只参与少量的更新轮次。由于任何单一设备上的数据集比总数据集大小都更小，而且现代智能手机拥有相对较快的处理器（包括 GPU），与许多类型的通信成本相比，本地计算基本上是免费的。因此，优化目标是使用额外的计算能力，以减少训练模型所需的通信轮数。可以使用两种主要的方式来添加计算量：①增加并行性，在每次通信之间使用更多的客户端独立工作；②增加每个客户端的计算量，每个客户端不像梯度计算那样执行简单的计算，而是在每个通信回合之间执行更复杂的计算。文献［14］研究了这两种方法，一旦在客户端上使用最小并行级别，在每个客户端上就会添加更多的计算量。

5.2.2　联邦平均算法

深度学习的众多成功应用几乎完全依赖随机梯度下降（Stochastic Gradient Descent，SGD）的变体进行优化。事实上，许多改进可以理解为调整模型的结构（及损失函数），以更易于通过简单的基于梯度的方法进行优化[15]。基于此，文献［14］建立了通过从随机梯度下降开始进行联邦优化的算法，以及联邦平均算法（Federated Averaging，FedAvg）。

SGD 可以简单直接地应用于联邦优化问题，即在每轮通信中进行单个批处理梯度计算（比如在一个随机选择的客户端上）。这种方法在计算上效率很高，但需要大量的训练才能产生良好的模型（例如，即使使用像批标准化这样的高级方法，文献［16］在 60 大小的小批量上训练 MNIST 也花费了 50 000 步）。

在联邦学习的配置中，涉及更多客户端的时间成本很小，因此 FedAvg 算法使用大批量同步 SGD；文献［17］中的实验表明，这种方法在数据中心配置中是最先进的，优于异步方法。为了在联邦学习的配置中应用这种方法，在每一轮中选择一个比例为 C 的客户端，并计算这些客户端持有的所有数据的损失梯度。因此，C 控制了全局批的大小，$C=1$ 对应于全批（非随机）梯度下降。

FedSGD 的典型实现是设置 $C=1$ 和固定的学习速率 η，每个客户端 k 计算当前模型 w_t 在本地数据上的平均梯度 $g_k = \nabla F_k(w_t)$，中央服务器聚合这些梯度并应用更新 $w_{t+1} \leftarrow w_t - \eta \sum_{k=1}^{K} \frac{n_k}{n} g_k$，因为 $\sum_{k=1}^{K} \frac{n_k}{n} g_k = \nabla f(w_t)$。一个等效的更新可表示为 $\forall k$，$w_{t+1}^k \leftarrow w_t - \eta g_k$，$w_{t+1} \leftarrow \sum_{k=1}^{K} \frac{n_k}{n} w_{t+1}^k$。也就是说，每个客户端使用其本地数据在当前模型上局部进行一步梯度下降，然后服务器取结果模型的加权平均值。一旦算法以这种方式编写，就可以通过在平均步骤之前多次迭代本地更新 $w^k \leftarrow w^k - \eta \nabla F_k(w^k)$ 来向每个客户端添加更多的计算量。计算量由三个关键参数控制：C，在每一轮中执行计算的客户端的比例；E，每个客户端在每一轮中对其本地数据集进行训练的次数；B，用于客户端更新的本地小批量大小。设置 $B = \infty$，其表示完整的本地数据集被视为一个单一的小批处理。因此，这个算法的一个极端情况是：可以取与 FedSGD 完全对应的 $B = \infty$ 和 $E=1$。对于具有 n_k 个本地示例的客户端，每轮的本地更新数由 $u_k = E \dfrac{n_k}{B}$ 给出。算法 5 – 1 给出了完整的伪代码。

算法 5 – 1 联邦平均算法

服务器执行：

 初始化 ω_0

 for 每一轮 $t = 1, 2, \cdots$ **do**

  $m \leftarrow \max\{C \cdot K, 1\}$

  $S_t \leftarrow m$ 个客户端的随机集

  for 每个客户端 $k \in S_t$ 并行 **do**

   $\omega_{t+1}^k \leftarrow$ 客户端更新 (k, ω_t)

  $\omega_{t+1} \leftarrow \sum_{k=1}^{K} \dfrac{n_k}{n} \omega_{t+1}^k$

客户端更新 (k, ω)：// 在客户端 k 上运行

 $\mathcal{B} \leftarrow$（将 $\mathcal{P}_k$ 分成若干批次，每个批次大小为 B）

 for 本地每轮 i 从 1 到 E **do**

  for 批次 $b \in \mathcal{B}$ **do**

   $\omega \leftarrow \omega - \eta \nabla \ell(\omega; b)$

 将 ω 返回给服务器

5.3 基于联邦学习的 RIS 分布式速率优化

  基于 5.1.2 节提出的技术难点，本节将介绍文献［18］中提出的一种基于 FL 的算法，在保证用户隐私的同时实现高速通信。与集中式机器学习不同的是，FL 的训练模式是分布式的，这意味着训练数据在本地进行管理和处理，而不是集中式处理，这可以降低用户私有数据泄露的风险。FL 根据每个参与者的局部数据集对局部模型进行训练，并通过对所有局部模型的聚合生成一个全局模型，然后将这个全局模型下载到每个设备上作为下一轮训练的初始配置。这个过程的所有步骤都将重复执行，直到全局模型收敛，从而得到最优的全局模型[19]。具体来说，FL 选择 DNN 模型来学习 CSI 和 RIS 配置矩阵之间的映射函数，根据输入的 CSI 将 DNN 的输出视为用户的最优可达速率。

5.3.1　系统模型

5.3.1.1　信号模型与信道模型

如图 5 – 1 所示，RIS 辅助一个发射端和 K 个接收端之间的通信，同时一个服务器与 RIS 连接用于数据处理。假设发射端和接收端都是单天线，RIS 有 N 个反射元件。其中，发射端可以是基站、接入点，也可以是用户设备。

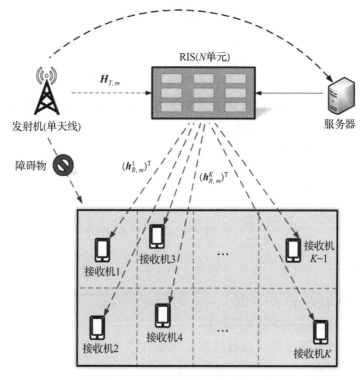

图 5 – 1　RIS 辅助的无线通信系统

信道模型的构建基于正交频分复用（Orthogonal Frequency Division Multiple-xing，OFDM），设有 M 个子载波，发射端和 K 个接收端到 RIS 间的信道分别表示为 $\boldsymbol{H}_{T,m} \in \mathbb{C}^{N \times 1}$ 和 $\boldsymbol{h}_{R,m}^{k} \in \mathbb{C}^{N \times 1}$，其中，$m = 1,2,\cdots,M$，$k = 1,2,\cdots,K$。$x_m^k$ 表示发射端使用第 m 个子载波发给第 k 个接收端的发射信号，发射功率$\|x_m^k\|^2 = \dfrac{P}{M}$，其中，$P$ 是每条链路的总发射功率。假设发射端和接收端之间的 LoS 链路被建筑物等阻挡。因此，第 k 个接收端接收到的信号为

$$y_m^k = ((\boldsymbol{h}_{R,m}^{k})^{\mathrm{T}} \boldsymbol{\Phi}_m^k \boldsymbol{H}_{T,m}) x_m^k + \omega_m^k \tag{5-3}$$

式中，对角矩阵 $\boldsymbol{\Phi}_m^k = \mathrm{diag}[\psi_1, \psi_2, \cdots, \psi_N]\mathbb{C}^{N \times N}$ 是 RIS 配置矩阵，其描述了每个

RIS 元件对入射信号的相移影响。此处 RIS 不改变入射信号的幅度，即 $\psi_n = e^{j\theta_n}$，$n = 1, 2, \cdots, N$，$\theta_n \in [0, 2\pi]$。此外，$\omega_m^k \sim \mathcal{CN}(0, \sigma_m^2)$ 表示接收端的加性高斯白噪声（Additive White Gaussian Noise，AWGN）。文献［18］的目标是通过训练 FL 模型来调整 $\boldsymbol{\Phi}_m^k$、提升 RIS 辅助通信系统的性能。

对于信道 $\boldsymbol{h}_{R,m}^k$ 和 $\boldsymbol{H}_{T,m}$，采用文献［21］中的宽带几何模型，每个信道都有 L 条路径。因此，$\boldsymbol{h}_{R,m}^k$ 可以表示为：

$$\boldsymbol{h}_{R,m}^k = \sum_{d=0}^{D-1} \boldsymbol{h}_{R,d}^k e^{-j\frac{2\pi m}{M}d} \tag{5-4}$$

式中，延迟为 d 的信道可表示为：

$$\boldsymbol{h}_{R,d}^k = \sqrt{\frac{N}{\rho}} \sum_{l=1}^{L} \gamma_l p(\mathrm{d}T - \eta) \boldsymbol{a}(\theta_l, \phi_l) \tag{5-5}$$

式中，p 为脉冲成形函数；D 和 T 为循环前缀长度和采样时间；$\boldsymbol{a}(\theta_l, \phi_l) \in \mathbb{C}^{N \times 1}$ 为 RIS 的响应向量，到达角 θ_l、$\phi_l \in [0, 2\pi]$；γ_l 为第 l 条路径的复数形式系数；ρ 和 η 分别为路径损耗和时延。

5.3.1.2 问题公式化

用户 k 的可实现速率表示为：

$$R^k = \frac{1}{M} \sum_{m=1}^{M} \log_2\left(1 + r \left| (\boldsymbol{h}_{R,m}^k)^{\mathrm{T}} \boldsymbol{\Phi}_m^k \boldsymbol{H}_{T,m} \right|^2\right) \tag{5-6}$$

式中，$r = \dfrac{P}{M\sigma_m^2}$ 是信噪比，为简单起见，对于同一个接收端，每个子载波的 RIS 配置矩阵是相同的，即 $\boldsymbol{\Phi}_1^k = \boldsymbol{\Phi}_2^k = \cdots = \boldsymbol{\Phi}_m^k = \boldsymbol{\Phi}^k$。因此，可以构建一个由许多预定义的配置矩阵组成的预定义集合 $\boldsymbol{O}$。

显然，目标是通过对 $\boldsymbol{O}$ 进行搜索，训练 DNN 模型以建立 $\boldsymbol{H}_{T,m}$、$\boldsymbol{h}_{R,m}^k$ 和最优 RIS 配置 $\hat{\boldsymbol{\Phi}}$ 之间的映射函数，从而进一步实现速率最大化。

搜索过程可描述为：

$$\hat{\boldsymbol{\Phi}} = \underset{\boldsymbol{\Phi}^k \in \boldsymbol{O}}{\mathrm{argmax}} \sum_{m=1}^{M} \log_2\left(1 + r \left| (\boldsymbol{h}_{R,m}^k)^{\mathrm{T}} \boldsymbol{\Phi}^k \boldsymbol{H}_{T,m} \right|^2\right) \tag{5-7}$$

因此，接收端 k 处的最优平均可达速率为：

$$\hat{R}^k = \frac{1}{M} \sum_{m=1}^{M} \log_2\left(1 + r \left| (\boldsymbol{h}_{R,m}^k)^{\mathrm{T}} \hat{\boldsymbol{\Phi}} \boldsymbol{H}_{T,m} \right|^2\right) \tag{5-8}$$

上述计算的难点在于，大规模 RIS 元件的大量完美 CSI 会增加训练负担。传统 CSI 的采集方法是将射频接收链和 RIS 的所有元件连接起来，这样也非常昂贵且复杂[20]，因此采用了具有稀疏传感器的 RIS 结构[21]。

RIS 元件中有很小一部分（$\bar{N} \ll N$）是具有额外信道传感能力的主动元件，

这意味着在进行信道估计时，它可以将工作模式从正常的反射元件切换到传感器模式。这些主动单元随机分布在 RIS 元素之间。

5.3.2　基于联邦学习的隐式 RIS 反射系数优化

FL 作为分布式学习的一个分支，具有隐私保护和分布式计算等不可替代的优势，吸引了越来越多的关注。一些工作在无线网络上对 FL 的性能进行了优化，假设 FL 的无线链路是稳定的[22]，文献［18］提出了一种在通信系统中将 FL 和 RIS 相结合的新方案。FL 的基本结构如图 5 - 2 所示。每个参与训练过程的接收端 U^k（$\forall k = 1, 2, \cdots, K$）都有其独一无二的数据集 S^k，这意味着它不能被其他设备访问，仅在本地设备上处理，假设所有这些数据集大小相同。

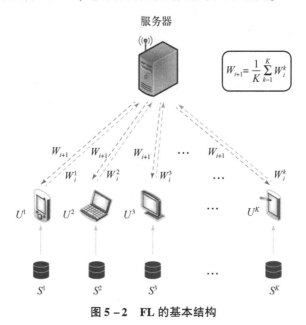

图 5 - 2　FL 的基本结构

具体来说，采用标准的联邦学习算法（例如，联邦平均），整个过程可以总结为以下三个步骤：

（1）根据本地数据集 S^k 在本地设备 U^k 上训练本地模型 W_i^k，其中，i 代表第 i 次训练，本地模型的输入和输出是后面讨论的采样信道向量和相应的速率向量。

（2）中央服务器将所有的局部模型 W_i^1，W_i^2，$\cdots$，W_i^k 聚合为一个全局模型 W_{i+1}，聚合过程表示为：

$$W_{i+1} = \frac{1}{K} \sum_{k=1}^{K} W_i^k \tag{5-9}$$

（3）每个设备下载全局模型 W_{i+1}，作为下一次训练的初始配置。

重复上述过程直到模型收敛，得到最优模型 $\boldsymbol{W}_I$，其中，I 代表总训练次数。FL 的基础是 DL，其过程可以分为训练和验证。在训练阶段，第一步是构建数据集，数据集构建之前，需要基于主动 RIS 元件辅助的信道估计进行 CSI 采集。为简单起见，假定信道 $\boldsymbol{H}_{T,m}$ 是常数，因此只需估计信道 $\boldsymbol{h}_{R,m}^k$。为确保 CSI 的真实性，还要在估计的信道中加入随机接收噪声，估计的信道表示为：

$$\tilde{\boldsymbol{h}}_{R,m}^k = \bar{\boldsymbol{h}}_{R,m}^k + n_m^k \tag{5-10}$$

式中，$\bar{\boldsymbol{h}}_{R,m}^k$ 为采样信道。之后构建向量 $\tilde{\boldsymbol{h}}^k = \mathrm{V}([\tilde{\boldsymbol{h}}_{R,1}^k, \tilde{\boldsymbol{h}}_{R,2}^k, \cdots, \tilde{\boldsymbol{h}}_{R,M}^k])$，包含所有子载波的 CSI，$\boldsymbol{V}$ 为向量。

基于有监督学习，标签匹配主要分为两部分：

（1）通过扫描预定义配置集合 $\boldsymbol{O}$，建立一个速率向量 $\boldsymbol{r}^k = [R_1^k, R_2^k, \cdots, R_{|O^k|}^k]$，$\boldsymbol{O}$ 中每个 $\boldsymbol{\Phi}^k$ 都按顺序应用于式（5-6）。

（2）选择 $\boldsymbol{r}^k$ 中最高的速率 $\hat{R}^k$ 作为相应的标签。

在 CSI 采集和标签匹配之后，数据点 $(\tilde{\boldsymbol{h}}^k, \hat{R}^k)$ 可以加到数据集 S^k 中。如图 5-3 所示，每个设备的本地数据集由它自己的历史数据组成，包括历史 CSI 和设备在区域不同位置时自己记录的最佳速率。本地数据集的大小用 ξ 表示，历史数据点为 $(\tilde{\boldsymbol{h}}^{k_t}, \hat{R}^{k_t})$，$\forall t = 1, 2, \cdots, \xi$。因此，利用之前的数据生成方法构建联邦数据集 $S^k = [(\tilde{\boldsymbol{h}}^{k_1}, \hat{R}^{k_1}), (\tilde{\boldsymbol{h}}^{k_2}, \hat{R}^{k_2}), \cdots, (\tilde{\boldsymbol{h}}^{k_\xi}, \hat{R}^{k_\xi})]$。

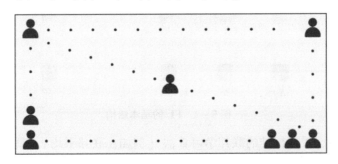

👤 设备历史位置

图 5-3　本地数据集

然后需要利用验证集对训练模型进行前向验证，该过程可概括为信道采样、候选速率向量生成和最优速率选择。采用多层感知机（Multi Layer Perceptron，MLP）作为基本的 DNN 体系结构，包括 6 个全连接层，分别选择修正线性单元（Rectified Linear Unit，ReLU）和均方根误差（Root Mean Squared Error，RMSE）作为激活函数和损失函数。同时，采用 SGD 来进行梯度下降。总体算法见算法 5-2。

算法 5 - 2　基于 FL 的最优波束反射 （OBR - FL）

训练阶段：

1： **for** 设备/接收端 $k = 1, 2, \cdots, K$ **do**

2：　　**for** $t = 1, 2, \cdots, \xi$ **do**

　　　　采样信道信息 $\tilde{\boldsymbol{h}}^{k_t} = \mathrm{V}([\tilde{\boldsymbol{h}}_{R,1}^{k_t}, \tilde{\boldsymbol{h}}_{R,2}^{k_t}, \cdots, \tilde{\boldsymbol{h}}_{R,M}^{k_t}])$。

　　　　搜索 O 得到一个速率集 $\boldsymbol{r}^{k_t}$，

　　　　选出最优速率 $\hat{R}^{k_t}$，

　　　　构建数据点 $(\tilde{\boldsymbol{h}}^{k_t}, \hat{R}^{k_t})$，并将其加到本地数据集 S^k 中。

3：　　**end for**

　　　　本地数据集构建完成 $S^k = [(\tilde{\boldsymbol{h}}^{k_1}, \hat{R}^{k_1}), (\tilde{\boldsymbol{h}}^{k_2}, \hat{R}^{k_2}), \cdots, (\tilde{\boldsymbol{h}}^{k_\xi}, \hat{R}^{k_\xi})]$。

4：　　**for** $i = 1, 2, \cdots, I$ **do**

　　　　本地设备上训练 DNN，生成本地模型 $\boldsymbol{W}_i^k$，

　　　　聚合局部模型得到全局模型 $\boldsymbol{W}_{i+1}$，

　　　　每个设备下载全局模型 $\boldsymbol{W}_{i+1}$，作为下一次训练的初始配置。

5：　　**end for**

　　　　得到最优模型 $\boldsymbol{W}_I$。

6： **end for**

验证过程：

7：信道 $\tilde{\boldsymbol{h}}^k$ 采样。

8：利用模型 $\boldsymbol{W}_I$ 进行预测。

9：选择最优速率 $\hat{R}^{k_t}$。

5.3.3　仿真结果与分析

5.3.3.1　仿真设置

　　如 5.3.1 节中的系统模型所述，生成信道来构建数据集至关重要。因此，文献 [18] 中使用 DeepMIMO 数据集[23] 来生成具有 "O1" 光线跟踪场景[24] 的信道，它提供了关键的环境特征，例如，工作频率、建筑物的形状和发射机/RIS/接收机位置等。

　　构建的实验场景如图 5 - 4 所示。BS7 被指定为 RIS，发射端固定在 R1850 行 90 列的位置。同时，接收端网格由从 R2001 到 R2360 的 65 160 个点组成，

其中每行包含 181 个点。将网格区域划分为 6 部分，即 $K=6$，每个独立区域由 60 行组成，共 $\xi=10\,860$ 个点，其中，80% 和 20% 分别为训练集和验证集。RIS 的默认配置是 24×24（$N=576$）个元件，工作载波为 28 GHz 中心频率、带宽 100 MHz、$M=512$ 个子载波的 OFDM 波形。然而，为了降低 DNN 的复杂性，只选择了第一个 $M_{FL}=64$ 子载波来构建本地数据集。对于发射端和接收端，它们都配备有 5 dBi 增益的单天线。通过执行离散傅里叶变换来建立 RIS 配置矩阵集 $\boldsymbol{O}$。

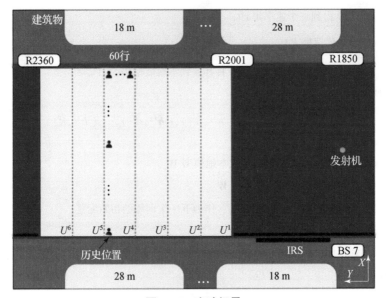

图 5 – 4　实验场景

最后采用 5.3.2 节提到的 DNN 结构与集中式 ML 进行比较。

5.3.3.2　仿真结果与分析

通过以下三方面展示仿真实验的结果：基于 FL 和 ML 的算法的收敛趋势；基于 OBR – FL 和理想条件下完美信道信息（Perfect Channel Information，PCI）的不同主动 RIS 元件下的可达速率 [$(b\cdot s^{-1})$/Hz]；基于 FL 的算法和基于 ML 的算法在不同接收器数量下的速率性能。

基于 FL 的算法和基于 ML 的算法的收敛性能如图 5 – 5 所示，说明了该算法的合理性。结果表明，经过 800 次迭代后，损失函数的值趋于稳定，基于 FL 的算法几乎具有与 ML 收敛速度相同的收敛性能。对于收敛速度的差异，主要是 FL 模型更新过程中的时延造成的。同时，在相同的训练数据和训练时间下，集中式 ML 的效果优于分布式 ML，这解释了所提算法与集中式 ML 收敛效果的区别。

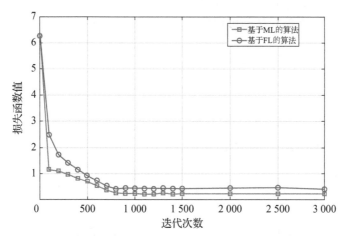

图 5 - 5　基于 FL 的算法和基于 ML 的算法的收敛性能

图 5 - 6 展示了不同方案相对于主动 RIS 单元数量 $\overline{N}$ = 2、4、6、8、10、20 的可达速率性能。该结果在频率为 28 GHz 和路径数 L = 10 下产生，可达速率随着 $\overline{N}$ 的增加而增加。值得注意的是，$\overline{N}$ = 8 的可达速率达到理想值的 90%，这表明该算法只需要相对较少的主动单元就可以达到接近最优的速率性能。此外，如图 5 - 6 所示，基于 FL 的算法的可达速率性能可以有效地接近基于 ML 的算法。

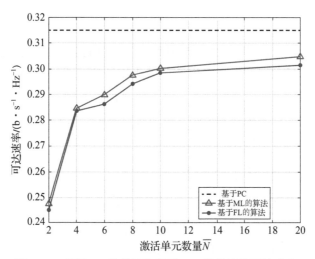

图 5 - 6　基于 FL 的算法和基于 ML 的算法的可达速率

为了研究不同数量的接收器对速率性能的影响，在不同主动 RIS 单元数量 $\overline{N}$ = 2、4、8 下，基于 FL 的算法和基于 ML 的算法的仿真结果如图 5 - 7 所示。结果表明，随着 $\overline{N}$ 个节点数量的固定，参与训练过程的接收者越多，可达速率就越高。同时，可以观察到基于 FL 的算法与基于 ML 的算法的可达速率没有显著差异，验证了基于 FL 的算法的可行性。

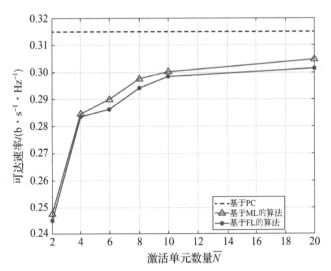

图 5 - 7　基于 FL 的算法和基于 ML 的算法的可达速率

5.4　进化策略基础理论

进化算法是一类基于种群规划的优化算法，其灵感来自自然选择。自然选择认为，有利于个体生存的特性可以世代地生存，并将好的特性传递给下一代，进化是在突变和选择过程中逐渐发生的，进化使种群能更好地适应环境[25]。进化算法通常包括遗传算法、遗传规划、进化规划和进化策略。进化策略是一种黑箱优化算法，属于进化算法的大家庭，包括简单高斯进化策略、自然进化策略、协方差矩阵自适应进化策略等。

5.4.1　进化策略理论概述

进化策略是一种模仿生物进化的求解参数优化问题的方法，它采用实数值作为基因，总遵循某一均值、某一方差的高斯分布来变化产生新个体，然后保留好的个体。进化策略的一般过程描述如下：

（1）确定问题：寻找 n 维向量 $\boldsymbol{x}$，使函数 $F(\boldsymbol{x})$ 取极值。

（2）初始化种群：从各维的可行范围内随机选取亲本 $x_i(i=1,2,\cdots,n)$ 的初始值，初始数据的分布一般是均匀分布。

（3）进化（交叉、变异）：对两个个体进行交叉重组，通过对 $\boldsymbol{x}$ 的每个分量增加预先选定均值和标准差的高斯随机变量，从每个亲本 x_i 产生子代 x'_i。

（4）选择：通过误差函数对 $F(x_i)$ 和 $F(x'_i)$ 进行排序，选择并保留误差函数最小的向量样本成为下一代的新亲本。

（5）重复进化和选择过程，直至达到收敛。

进化策略的关键在于：交叉、变异、变异程度的变化，以及选择[26]。交叉和变异定义了种群进化的方式，交叉过程主要包括离散重组、中值重组和混杂重组三种方式，变异过程即是对每个分量增加预先选定均值和标准差的高斯随机变量。同时，在进化策略中，变异程度并不是一直不会变化的，它会根据种群的适应度进行调整，比如，在算法初始阶段，变异程度一般较大，而当算法接近收敛时，变异程度会开始减小。

进化策略的选择过程通常有两种：$(\mu + \lambda)$ 选择和 (μ, λ) 选择。具体地，$(\mu + \lambda)$ 选择是从 μ 个父代个体和 λ 个子代个体中确定性地择优选出 μ 个个体组成下一代新群体；(μ, λ) 选择是从 λ 个子代个体中确定性地择优选出 μ 个个体（要求 $\lambda > \mu$）组成下一代新群体，每个个体只存活一代，随即被新个体顶替。粗略地看，$(\mu + \lambda)$ 选择似乎更好，因为它使群体的进化过程呈单调上升趋势，但是 $(\mu + \lambda)$ 选择保留了部分旧个体，有时会导致问题陷入局部最优，实践证明，(μ, λ) 选择一般优于 $(\mu + \lambda)$ 选择，已成为当前进化策略的主流。

5.4.2　协方差矩阵自适应进化策略

协方差矩阵自适应进化策略是在进化策略算法基础上发展起来的一种新的全局优化算法，其成功克服了基本进化策略算法的局限性，并继承了基本进化策略算法的优点，将进化策略的可靠性、全局性与协方差矩阵的高引导性完美地结合起来，对求解复杂多峰值优化问题具有较强的适应性[27]。具体地说，协方差矩阵自适应进化策略是随机搜索算法对连续域内的非线性非凸优化问题的一种特殊应用，是在迭代过程中估计正定矩阵（协方差矩阵）的二阶方法，通常应用于无约束或有界约束优化问题。协方差矩阵自适应进化策略是进化策略领域的新技术，以其优良的计算性能和显著的计算效果，在优化领域被全球数百个理论研究室和工业实验室广泛关注。协方差矩阵自适应进化策略最关键的操作是变异，变异操作通过采样多维正态分布来实现，算法的基本过程介绍如下：

（1）参数设置及初始化。

（2）正态采样：采样多维正态分布生成由 λ 个个体组成的种群。采样过程为：

$$x_k^{(g+1)} \sim m^{(g)} + \sigma^{(g)} \mathbb{N}(0, \boldsymbol{C}^{(g)}), k = 1, 2, \cdots, \lambda \qquad (5-11)$$

式中，$x_k^{(g+1)}$ 为子代（即 $(g+1)$ 代）个体的搜索点；$m^{(g)}$ 为父代（即 g 代）个体的均值；$\mathbb{N}(0, \boldsymbol{C}^{(g)})$ 为零均值、协方差矩阵 $\boldsymbol{C}^{(g)}$ 的多维正态分布；$\sigma^{(g)}$ 为标准

差或搜索步长；λ 为子代个体的数量。

（3）评价与选择：根据适应度函数逐个评价种群中的个体，并根据评价结果进行排序，选出排名靠前的 μ 个个体组成当前的最优子群。

（4）根据步骤（3）的最优子群信息更新种群分布参数，如更新均值、控制步长和自适应协方差矩阵。主要方程如下：

$$m^{(g+1)} = m^{(g)} + c_m \sum_{i=1}^{\mu} \omega_i (x_{i:\lambda}^{(g+1)} - m^{(g)}) \tag{5-12}$$

$$C^{(g+1)} = \left(1 - c_1 - c_\mu \sum \omega_j\right) C^{(g)} + c_1 p_c^{(g+1)} (p_c^{(g+1)})^{\mathrm{T}} + c_\mu \sum_{i=1}^{\lambda} \omega_i (y_{i:\lambda}^{(g+1)}) (y_{i:\lambda}^{(g+1)})^{\mathrm{T}} \tag{5-13}$$

$$\sigma^{(g+1)} = \sigma^{(g)} \exp\left(\frac{c_\sigma}{d_\sigma}\left(\frac{\| p_\sigma^{(g+1)} \|}{E \| \mathbb{N}(0, I) \|} - 1\right)\right) \tag{5-14}$$

式中，具体的推导过程和参数含义将在后续章节进行介绍。

（5）判断是否达到终止条件，若是，则停止，否则返回步骤（2）。

协方差矩阵自适应进化策略通过利用当代最优子群与上一代均值间的关系自适应更新协方差矩阵来实现个体突变方向的调整，并将前代搜索步长的信息引入协方差矩阵的更新中，使其突变模式更具有引导性[28]。特别地，协方差矩阵的更新充分结合了"秩 $-\mu$"更新和"秩 -1"更新两种机制。其中，"秩 $-\mu$"更新充分利用了当前代整个种群的信息，在种群规模较大时发挥了重大的作用；"秩 -1"更新通过进化路径充分利用了代与代之间的信息，在种群规模较小时尤为重要，使协方差矩阵的更新可以很好地适应种群规模大小的变化，既节约了计算成本，又保证了搜索精度。同时，通过高引导性的协方差矩阵和有效的全局步长，使进化过程具有很高的效率。

5.5 基于进化理论的 RIS 辅助通信系统性能研究

面对 RIS 的反射系数优化问题，基于每个反射元件之间的协同性和交互性，引入博弈模型进行描述。在 RIS 辅助的无线通信系统中，RIS 的每个反射元件可以独立地诱导入射信号产生可控的振幅、相位或频率变化，并实时地反射入射信号，以协同地增强现有的通信链路，基于反射元件之间的决策交互将每个反射元件视为参与博弈的个体，在满足博弈条件的同时，每个反射元件需要实时地对所有博弈个体的策略进行评估和改进，以做出最优的决策。进化博弈（Evolutionary Game，EG）理论通过引入种群的概念扩展了非合作博弈的形式，并充分考虑了种群中博弈个体参与决策的动态演变过程，具有十分重要的科学研究和工程应用意义。

在 RIS 辅助无线通信网络中，如何基于进化博弈模型动态地做出高效的决策，仍然是一个需要深入研究的问题，考虑到博弈问题的马尔可夫性，可引入基于马尔可夫决策过程的强化学习（Reinforcement Learning，RL）算法，从而求出纳什均衡解。具体地说，强化学习允许个体在随机平稳环境中学习使奖励最大化的策略，并且要求代理所处的共享环境具有马尔可夫性，以保证最优策略的收敛性。在这样的系统中，任意一个个体的最优策略不仅取决于共享的环境，还取决于其他个体的策略。近些年来，强化学习已经在无线通信网络的通信系统设计、通信信号处理等分支学科中得到了广泛的应用，并适用于其他多种应用场景，具有非常重要的研究和发展意义。

本节内容正是基于上述背景，介绍了文献［29］中提出的将进化博弈模型应用到 RIS 辅助无线通信网络的无源被动反射系数优化问题中，对通信网络中的动态决策问题和性能优化问题进行研究。首先，针对 RIS 辅助多用户通信系统，基于进化博弈模型对反射系数优化问题进行建模，使用种群进化算法求解反射系数优化的最优设计方案，最大化通信系统的信道容量。然后，针对 RIS 辅助无线通信网络中无源反射优化和主动传输优化的联合优化问题进行研究，基于协方差矩阵自适应进化策略（Covariance Matrix Adaptation Evolution Strategy，CMA – ES）进行主动、被动波束成形向量的联合优化，以最大化 RIS 辅助用户通信系统的接收信噪比与和速率。

5.5.1　基于进化博弈的智能反射面辅助通信信道容量研究

5.5.1.1　智能反射面辅助多用户通信系统模型构建

1. 场景构建

如图 5 – 8 所示，考虑一个典型的 RIS 辅助多用户通信系统，通过部署 RIS 来协助多天线 AP 到 K 个单天线用户之间的无线通信，并且 RIS 配备有控制器，以协调其在两种操作模式之间的切换，即信道估计的接收模式和数据传输的反射模式。在接下来的小节中，将针对该 RIS 辅助多用户通信系统的状态方程、优化问题、实际约束以及其反射系数优化的进化博弈模型构建等方面进行设计和介绍。

2. RIS 辅助多用户通信系统状态方程

为了便于说明问题，考虑如图 5 – 8 所示的基本的点对点通信系统。AP 处的发射天线数和 RIS 处的反射单元数分别用 M 和 N 表示，设 $x(t) = \sum_{k=1}^{K} w_k s_k, k = 1, 2, \cdots, K$ 表示发射端的复数基带发射信号，其中，每个用户 k 被分配一个专用波束成形向量 $w_k \in \mathbb{C}^{M \times 1}$，AP 处的发射数据信号 s_k 被建模为具有一定均值、方差的独立随机变量。通过对 RIS 从发射端到接收端的级联信道进行建模，分别以 $\boldsymbol{G}$、

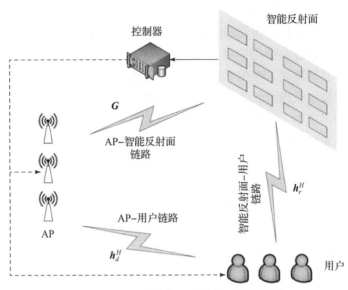

图 5 - 8　RIS 辅助多用户通信系统模型图

h_r^H 和 h_d^H 表示 AP – RIS、RIS – 用户和 AP – 用户基带等效信道，且有 $G \in \mathbb{C}^{N \times M}$、$h_r^H \in \mathbb{C}^{1 \times N}$、$h_d^H \in \mathbb{C}^{1 \times M}$，具体地说，RIS 的每个反射元件首先从发射端接收叠加的多径信号，然后像来自单点源一样散射幅度或相位可调的组合信号产生一个"乘法"信道模型[30]。

为简化模型，假设 RIS 在接收并反射信号时，相邻元件的作用没有耦合，即 RIS 的 N 个反射元件都可以独立地反射入射信号；同时，由于实际路径损耗，只考虑由 RIS 首次反射的信号，忽略两次及多次反射的信号。所有来自 RIS 的接收信号都可以建模为它们所有元件各自反射信号的叠加，因此，在 RIS 作用下的基带信号模型可以表示为：

$$z(t) = h_r^H \left(\sum_{n=1}^{N} \beta_n e^{j\theta_n} \right) G \cdot x(t) = h_r^H \boldsymbol{\Theta} G \cdot x(t) \qquad (5-15)$$

式中，$\boldsymbol{\Theta} = \mathrm{diag}(\beta_1 e^{j\theta_1}, \beta_2 e^{j\theta_2}, \cdots, \beta_n e^{j\theta_n}, \cdots, \beta_N e^{j\theta_N})$ 表示 RIS 的反射矩阵，即 N 个反射元件通过一个 $N \times N$ 的对角矩阵实现入射（输入）信号向量到反射（输出）信号向量的线性映射；β_n 和 θ_n 分别表示反射元件 n 的振幅衰减和相移系数，且有 $\beta_n \in [0,1]$，$\theta_n \in [0,2\pi)$。因为每个 RIS 元件独立地反射信号，所有元件上没有信号耦合或联合处理，因此，AP – RIS – 用户的复合信道被建模为三个组件（即 AP – RIS 链路、RIS 作用和 RIS – 用户链路）的级联信道。

因此，用户 k 接收到的来自 AP – 用户链路和 AP – RIS – 用户链路的组合信号可以表示为：

$$y_k = (\boldsymbol{h}_{r,k}^{\mathrm{H}} \boldsymbol{\Theta G} + \boldsymbol{h}_{d,k}^{\mathrm{H}}) \sum_{j=1}^{K} \boldsymbol{w}_j s_j + n_k, k = 1,2,\cdots,K \qquad (5-16)$$

式中，n_k 为用户 k 处的加性高斯白噪声，因此，用户 k 处的信干噪比可以表示为：

$$\mathrm{SINR}_k = \frac{|(\boldsymbol{h}_{r,k}^{\mathrm{H}} \boldsymbol{\Theta G} + \boldsymbol{h}_{d,k}^{\mathrm{H}}) \boldsymbol{w}_k|^2}{\sum_{j\neq k}^{K} |(\boldsymbol{h}_{r,k}^{\mathrm{H}} \boldsymbol{\Theta G} + \boldsymbol{h}_{d,k}^{\mathrm{H}}) \boldsymbol{w}_j|^2 + \sigma_k^2}, \forall k \qquad (5-17)$$

为了充分地描述部署 RIS 所带来的理论性能增益，假设所有相关信道的信道状态信息在 AP 处都是完全已知的。此外，所有涉及的信道均采用准静态平坦衰落模型。

3. RIS 辅助多用户通信系统信道容量优化问题

在实际的无线通信应用中，为适应用户移动性所导致的动态时变信道，RIS 具有动态可调反射系数的无源反射元件，且可以连接到无线网络中，以学习外部通信环境，基于信道变化实时可调信号响应，实现实时的自适应反射。然而，在 RIS 辅助无线通信网络的研究和应用中，为了充分利用部署 RIS 所带来的新的通信自由度，如何优化 RIS 处的反射系数（也称为"无源波束成形"设计）以最大限度地获得性能增益是一个关键问题[31]。

针对上述 RIS 辅助多用户通信系统，$x(t) = \sum_{k=1}^{K} \boldsymbol{w}_k s_k, k = 1,2,\cdots,K$ 表示发射端的复数基带发射信号，其中，每个用户 k 被分配一个专用的波束成形矢量 $\boldsymbol{w}_k \in \mathbb{C}^{M \times 1}$，则该通信系统的发射协方差矩阵可以表示为 $Q = E[\boldsymbol{w}_k \boldsymbol{w}_k^{\mathrm{H}}] \in \mathbb{C}^{M \times M}$，考虑在发射端给出用户 k 的功率约束 $E[\|\boldsymbol{w}_k\|^2] \leqslant p_k$，即 $\mathrm{tr}(Q) \leqslant p_k$，其中，$p_k$ 表示发射端对用户 k 的发射功率。因此，该通信系统相应的信道容量表达式为：

$$C = \log_2 \left| \boldsymbol{I} + \frac{1}{\sigma^2} \boldsymbol{HQH}^{\mathrm{H}} \right| \qquad (5-18)$$

式中，σ^2 为用户处的平均噪声功率；$\boldsymbol{H}$ 为该 RIS 辅助多用户通信系统的组合信道 $\boldsymbol{H} = \boldsymbol{h}_{r,k}^{\mathrm{H}} \boldsymbol{\Theta G} + \boldsymbol{h}_{d,k}^{\mathrm{H}}$。值得注意的是，与没有 RIS 辅助的传统通信信道相比，RIS 辅助通信系统的通信信道容量将很大程度上受到 RIS 的反射矩阵 $\boldsymbol{\Theta}$ 的影响。

基于上述动机，文献［29］的研究目标是通过优化 RIS 处的反射矩阵 $\boldsymbol{\Theta}$ 来最大化该 RIS 辅助多用户通信系统的信道容量，并同时满足发射端的功率约束、用户接收端的信噪比约束及反射系数的单模约束，其中，$\boldsymbol{\Theta} = \mathrm{diag}(\beta_1 e^{j\theta_1}, \beta_2 e^{j\theta_2}, \cdots, \beta_n e^{j\theta_n}, \cdots, \beta_N e^{j\theta_N}) = \mathrm{diag}(\alpha_1, \alpha_2, \cdots, \alpha_n, \cdots, \alpha_N)$，相移系数 $\theta_n \in [0, 2\pi)$，振幅系数 $\beta_n \in [0,1]$，相应的优化问题如下所示：

$$\mathrm{P1}' : \max_{\boldsymbol{\Theta}} C = \log_2 \left| \boldsymbol{I} + \frac{1}{\sigma^2} \boldsymbol{HQH}^{\mathrm{H}} \right| \qquad (5-19)$$

$$\text{s. t.} \quad \frac{|(\boldsymbol{h}_{r,k}^{\mathrm{H}} \boldsymbol{\Theta G} + \boldsymbol{h}_{d,k}^{\mathrm{H}}) \boldsymbol{w}_k|^2}{\sum_{j\neq k}^{K} |(\boldsymbol{h}_{r,k}^{\mathrm{H}} \boldsymbol{\Theta G} + \boldsymbol{h}_{d,k}^{\mathrm{H}}) \boldsymbol{w}_j|^2 + \sigma_k^2} \geqslant \rho_k, \forall k \qquad (5-20)$$

$$|\alpha_n| = 1, n = 1, 2, \cdots, N \qquad (5-21)$$

$$\mathrm{tr}(\boldsymbol{Q}) \leqslant p_k, \forall k \qquad (5-22)$$

值得注意的是，目标函数在反射矩阵 $\boldsymbol{\Theta}$ 上是非凹的，而每个反射系数 α_n 上的单模约束是非凸的，所以该优化问题是一个非凸优化问题，除此之外，由于反射系数 α_n 和发射协方差矩阵的复杂的耦合，导致该问题难以直接进行求解。因此，考虑到 RIS 反射系数的动态调谐对通信系统整体产生的不可忽略的影响，文献 [29] 将该通信模型下的 RIS 反射系数优化问题建模为一个进化博弈模型，并通过求解进化均衡解得到其反射系数的最优设计方案。

4. 进化博弈问题模型构建

在动态进化博弈理论中，复制动态方程和进化稳定策略是一对重要的核心概念。考虑到 RIS 反射元件的动态调整特性，以及其各自独立的决策对通信系统整体产生的不可忽略的影响，通过使用进化博弈建模分析，引入动态博弈规划的思想，将其反射系数优化问题建模为一个进化博弈模型。具体地说，将 RIS 的 N 个反射元件视为整个参与博弈的种群，每个博弈个体（即反射元件 n）都可以从一组有限的策略集 I（即相移系数 $\theta_n \in [0, 2\pi)$）中选择自己的纯策略 i（即具体的相移离散值），n_i 用于表示种群（即所有反射元件 N）中选择策略 i 的个体数，反射元件总数 $N = \sum_{i=1}^{I} n_i$，$x = n_i/N$ 用于表示所有反射元件中选择策略 i 的个体比例，种群状态可以用向量 $\boldsymbol{x} = [x_1, x_2, \cdots, x_i, \cdots, x_I]$ 表示。因此，连续时间下的进化博弈模型可以描述为：

（1）时间：$[0, T]$，$T > 0$；

（2）策略集合：策略集 I，即相移系数 $\theta_n \in [0, 2\pi)$；

（3）博弈决策者集合：反射元件数 $N = \sum_{i=1}^{I} n_i$，$x = n_i/N$；

（4）状态空间：$\boldsymbol{x} = [x_1, x_2, \cdots, x_i, \cdots, x_I]$；

（5）动作空间：$\boldsymbol{A}$，对于每个反射元件，都有一个非空的动作集合 $\boldsymbol{A}_i$ 可用，用于表示反射系数的动态调谐，所有博弈决策者的所有动作集合为 $\boldsymbol{A} = \boldsymbol{A}_1 \times \boldsymbol{A}_2 \times \cdots \times \boldsymbol{A}_I$。

当进化过程发生时，进化博弈使用一组复制动态方程（常微分方程）对该过程进行建模。具体地说，复制动态方程是一个描述竞争增长动力学的数学公式，是一组模拟博弈过程中个体群体的微分方程，当各种策略的预期收益大于或小于群体的平均预期收益时，动态复制因子会实时修改它们的相对频率。种群的复制动态方程可以定义为：

$$\frac{\mathrm{d}x_i(t)}{\mathrm{d}t} = x_i(t)(u_i(t) - \bar{u}(t)) \qquad (5-23)$$

式中，$u_i(t)$ 为选择策略的个体的收益；$\bar{u}(t)$ 为整个种群的平均收益。如上一节介绍，以通信系统的信道容量大小来定义进化博弈模型的种群收益：

$$\text{P1}'': \max_{\boldsymbol{\Theta}} C = \log_2 \left| \boldsymbol{I} + \frac{1}{\sigma^2} \boldsymbol{HQH}^{\text{H}} \right| \qquad (5-24)$$

$$\text{s. t.} \quad \frac{\mathrm{d}x_i(t)}{\mathrm{d}t} = x_i(t)(u_i(t) - \bar{u}(t)) \qquad (5-25)$$

这种复制因子动力学对于进化博弈非常重要，因为它可以提供特定时间点的种群信息（例如，选择不同策略的反射元件比例等），有助于研究策略适应的收敛速度，从而得出博弈过程的最终解决方案。将进化均衡定义为复制动态方程中的稳定不动点集合，即进化稳定策略。在进化稳定策略下，所有反射元件都将随着时间的推移收敛到进化均衡，是进化博弈的理想解决方案。

定义 1（最佳响应 BR_i）：反射元件策略 $i \in I$ 满足 RIS 辅助多用户通信系统的信道容量极限（式（5-18）），称为反射系数优化的最佳响应策略。

定义 2（进化均衡）：对于种群中的任一决策者，对其策略 i，都有 $\dfrac{\mathrm{d}x_i(t)}{\mathrm{d}t} = 0$，称 $\boldsymbol{x} = [x_1, x_2, \cdots, x_i, \cdots, x_I]$ 为进化博弈纳什均衡解，即进化稳定策略。

值得注意的是，进化稳定策略隐含着复制动态博弈的动态思想，与传统的纳什均衡相比，其概念更加严格。具体表现如下：

（1）进化稳定策略是一种纳什均衡，在种群处于进化稳定策略中时，所有个体所采用的都是最优反应策略，即个体策略的适应度比任何可能的变异策略都要大。

（2）并非所有的纳什均衡都是进化稳定策略，因为并非所有的纳什均衡在复制动态博弈研究中都是稳定的。

5.5.1.2　基于种群进化算法的 RIS 反射系数优化

考虑到 RIS 反射元件的动态调整特性，以及其各自独立的决策对通信系统整体产生的不可忽略的影响，通过使用进化博弈建模分析，引入动态博弈规划的思想，将其反射系数优化问题建模为一个进化博弈模型。针对上述进化博弈问题模型，联合各种实际约束，将该通信系统的目标函数优化问题重新表示为：

$$\text{P1}: \max_{\boldsymbol{\Theta}} C = \log_2 \left| \boldsymbol{I} + \frac{1}{\sigma^2} \boldsymbol{HQH}^{\text{H}} \right| \qquad (5-26)$$

$$\text{s. t.} \quad \frac{|(\boldsymbol{h}_{r,k}^{\text{H}} \boldsymbol{\Theta G} + \boldsymbol{h}_{d,k}^{\text{H}}) \boldsymbol{w}_k|^2}{\sum_{j \neq k}^{K} |(\boldsymbol{h}_{r,k}^{\text{H}} \boldsymbol{\Theta G} + \boldsymbol{h}_{d,k}^{\text{H}}) \boldsymbol{w}_j|^2 + \sigma_k^2} \geqslant \rho_k, \ \forall k \qquad (5-27)$$

$$|\alpha_n| = 1, n = 1, 2, \cdots, N \qquad (5-28)$$

$$\text{tr}(\boldsymbol{Q}) \leqslant p_k \qquad (5-29)$$

$$\frac{\mathrm{d}x_i(t)}{\mathrm{d}t} = x_i(t)(u_i(t) - \bar{u}(t)) \qquad (5-30)$$

可见这是一个有界约束优化问题，约束条件包括不等式约束和等式约束，搜索空间也包含可行域和不可行域，因此，如何充分利用可行解寻找全局最优解至关重要[32]。文献［29］采用种群进化算法来求解此约束优化问题，具体地说，种群进化算法是一种模拟自然进化过程的全局优化方法，基于个体的可行性，通过交叉、变异和选择等操作来提高个体的适应度。根据 RIS 反射元件的可行集，基于进化博弈数学模型，采用种群进化算法来求解 RIS 反射系数优化的最佳方案，以最大化 RIS 辅助通信系统的信道容量。

1. 适应度函数

种群进化算法根据适应度值的大小来判断个体策略的优劣，每个个体都有一个适应度值，该值由适应度函数确定。针对优化问题 P1，适应度函数可以表示为：

$$f(x) = \mathrm{fit}(x) + \mathrm{voi}(x) \qquad (5-31)$$

式中，$\mathrm{fit}(x)$ 对应于目标函数，即 RIS 辅助多用户通信系统的信道容量；$\mathrm{voi}(x)$ 对应于约束违反度，反映了个体策略与约束边界的接触程度，定义为反射元件策略与约束边界的均方误差（Mean Square Error，MSE）。

2. 交叉和变异操作

在种群进化算法中，通过交叉和变异操作来增加种群个体的多样性，避免个体陷入局部最优状态。在文献［29］中，基于反射元件个体的可行性，使用算术交叉方法和边界变异方法对优化问题的可行解空间进行搜索。算术交叉的具体操作为：

$$\theta'_1 = \varepsilon_1 \theta_1 + \varepsilon_2 \theta_2 \qquad (5-32)$$

$$\theta'_2 = \varepsilon_1 \theta_2 + \varepsilon_2 \theta_1 \qquad (5-33)$$

$$\varepsilon_1 + \varepsilon_2 = 0, \varepsilon_1 > 0, \varepsilon_2 > 0 \qquad (5-34)$$

同时，在反射系数由 $\theta = (\theta_1, \theta_2, \cdots, \theta_n, \cdots, \theta_N)$ 向 $\theta = (\theta_1, \theta_2, \cdots, \theta'_n, \cdots, \theta_N)$ 变异时，边界变异的具体操作为：

$$\theta'_n = \begin{cases} \theta_n + \Delta\theta, \mathrm{rand}(0,1) = 0 \\ \theta_n - \Delta\theta, \mathrm{rand}(0,1) = 1 \end{cases} \qquad (5-35)$$

通过交叉和变异操作有效地搜索全局最优解，增加了种群个体的多样性，提高了种群进化算法的全局搜索能力，并且同样适用于最优点位于或接近可行域边界的一类优化问题。

3. 选择操作

在有界约束的种群进化算法搜索寻优的过程中，选择操作控制了进化算法的过程，并在很大程度上影响到最终的寻优结果。在文献［29］中，采用联赛选择算子来选择个体。具体地说，从种群中随机选择两个个体进行比较：如果两个个体的策略都是可行解，则比较它们的目标函数值，目标函数值大的个体进入下一代；如果一个个体的策略是可行解，另一个个体的策略是不可行解，则可行解个体进入下一代；如果两个个体的策略都是不可行解，则比较它们的约束违反度，约束违反度小的个体进入下一代。如此重复 N 次，即可得到 N 个新个体。

综上所述，基于种群进化算法的 RIS 反射系数优化方案的主要求解步骤及算法流程如算法 5 – 3 所示。

算法 5 – 3 种群进化算法流程

1：初始化：初始化反射元件种群，给定交叉概率、变异概率及终止准则；

2：个体评价：计算种群中每个 RIS 策略的适应度值并排序；

3：交叉：按照给定的交叉概率执行交叉操作；

4：变异：按照给定的变异概率执行变异操作；

5：选择：按照选择算子执行选择操作，选择个体进入下一代；

6：重复步骤 2~5，直至得到进化均衡解。

5.5.2 基于协方差矩阵自适应进化算法的发射反射系数联合优化

上一节介绍了文献［29］中基于种群进化算法对 RIS 辅助多用户通信系统中 RIS 反射系数优化问题进行的研究，以最大化通信系统的信道容量。本节将介绍文献［29］中 RIS 辅助无线通信网络中的无源反射优化与主动传输优化的联合优化设计问题，以进行更进一步的研究。具体地说，基于协方差矩阵自适应进化策略进行主动、被动波束成形向量的联合优化，从而最大化 RIS 辅助用户通信系统的接收信噪比与和速率。

5.5.2.1 系统模型构建

如图 5 –9 所示，考虑一个典型的 RIS 辅助多用户通信系统，其中通过部署 Z 个 RIS 来协助多天线 AP 到 K 个单天线用户的无线通信，且 RIS 配备控制器，以协调其在两种操作模式之间的切换，即信道估计的接收模式和数据传输的反射模式。

在此 RIS 辅助的多用户通信系统中，每个用户会从 AP 用户链路（直射链路）和 AP – RIS – 用户链路（反射链路）接收叠加的期望或干扰信号，因此，希望联合优化 AP 处的（主动）发射数据信号和 RIS 处的（被动）反射波束成形，并同时满足发射端的功率约束以及反射系数的单模约束，从而最大化 RIS 辅助多用户通信系统的和速率。

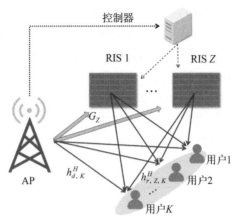

图 5 – 9　多 RIS 辅助无线通信系统

在实际应用中，如果 AP – 用户链路的信道质量比 AP – RIS – 用户链路的信道质量强得多，则 AP 应该更多地直接向用户端发射信号，而在相反的情况下，尤其是当 AP 用户链路被障碍物阻断时，AP 则应该调整其朝向 RIS 的波束，以最大限度地利用其反射信号为用户服务，即通过与用户创建虚拟视距链路绕过障碍物[33]。与此同时，将 RIS 集成到现存的无线通信网络中也将使此前仅含有源组件的异构网络转变成一种新的混合架构，该架构包含了以智能方式协同工作的有源和无源组件，在成本有限的情况下，通过优化混合网络中部署的主动有源组件和被动 RIS 之间的服务比率，可以显著地降低能耗和硬件成本，实现网络容量随成本的可持续扩展[34]。

在本节中，考虑单小区网络中的多 RIS 辅助无线通信系统，通过部署 RIS，促进在给定数据信号下多天线 AP 与 K 个单天线用户的通信。在这种情况下，AP 到用户 k 之间、智能反射面 z 到用户 k 之间、AP 到智能反射面 z 之间的基带等效信道分别表示为 $\boldsymbol{h}_{d,k}^{H} \in \mathbb{C}^{1 \times M}$，$\boldsymbol{h}_{r,z,k}^{H} \in \mathbb{C}^{1 \times N}$ 和 $\boldsymbol{G}_z \in \mathbb{C}^{N \times M}$。如上所述，RIS 上的每个元件首先合并接收到的多路径信号，然后以一定的相移重新分配合并后的信号，就像从一个点源合并并且产生一个"乘法"信道模型。

不妨定义 $\boldsymbol{\Theta}_z = \mathrm{diag}(\beta e^{j\theta_{z,1}}, \beta e^{j\theta_{z,2}}, \cdots, \beta e^{j\theta_{z,n}}, \cdots, \beta e^{j\theta_{z,N}})$，其中，$\mathrm{diag}(x)$ 表示对角矩阵，j 表示虚数单位，因此，$\boldsymbol{\Theta}_z$ 将表示相移矩阵。在实际部署中，为了简单起见，将讨论 $\beta = 1$ 的情况。

下面讨论为每个用户分配一个专用波束成形向量时 AP 处的线性传输预编码。AP 处的复基带传输信号可以表示为 $x(l) = \sum_{j=1}^{K} \boldsymbol{w}_j s_j$，其中，$s_j$ 表示用户 j 的传输数据符号，$\boldsymbol{w}_j \in \mathbb{C}^{M \times 1}$ 是与之对应的传输波束成形向量。在这种情况下，直接从 AP 传输的信号和经过 RIS 反射之后的信号将在用户 k 处叠加为：

$$y_k(l) = \left(\sum_{z=1}^{Z} \boldsymbol{h}_{r,z,k}^{\mathrm{H}} \boldsymbol{\Theta}_z \boldsymbol{G}_z + \boldsymbol{h}_{d,k}^{\mathrm{H}} \right) \sum_{j=1}^{K} \boldsymbol{w}_j s_j(l) + n_k(l) \qquad (5-36)$$

式中，$s_j(l)$ 为建模为独立同分布的随机变量的信息承载符号，具有一定的均值和协方差矩阵；n_k 为接收端均值为 0，方差为 σ_k^2 的加性高斯白噪声。因此，用户 k 接收信号的信噪比为：

$$\gamma_k = \frac{\left| \left(\sum_{z=1}^{Z} \boldsymbol{h}_{r,z,k}^{\mathrm{H}} \boldsymbol{\Theta}_z \boldsymbol{G}_z + \boldsymbol{h}_{d,k}^{\mathrm{H}} \right) \boldsymbol{w}_k \right|^2}{\sum_{j \neq k}^{K} \left| \left(\sum_{z=1}^{Z} \boldsymbol{h}_{r,z,k}^{\mathrm{H}} \boldsymbol{\Theta}_z \boldsymbol{G}_z + \boldsymbol{h}_{d,k}^{\mathrm{H}} \right) \boldsymbol{w}_j \right|^2 + \sigma_k^2} \qquad (5-37)$$

5.5.2.2　RIS 辅助多用户通信系统接收信噪比及和速率优化问题建模

如上所述，本节的主要目标是开发一种联合主动和被动波束成形优化算法，分别使单用户场景下的接收信噪比和多用户场景下的和速率最大化。因此，在接下来的波束成形设计中，首先考虑单用户时多 RIS 辅助系统的通信性能。在这种情况下，直接来自 AP 的信号和由 RIS 反射的信号在用户接收机处合并为：

$$y(l) = \left(\sum_{z=1}^{Z} \boldsymbol{h}_{r,z}^{\mathrm{H}} \boldsymbol{\Theta}_z \boldsymbol{G}_z + \boldsymbol{h}_d^{\mathrm{H}} \right) \boldsymbol{w} s(l) + n(l) \qquad (5-38)$$

式中，l 为符号索引，对应的用户接收信噪比为：

$$\gamma = \left| \left(\sum_{z=1}^{Z} \boldsymbol{h}_{r,z}^{\mathrm{H}} \boldsymbol{\Theta}_z \boldsymbol{G}_z + \boldsymbol{h}_d^{\mathrm{H}} \right) \boldsymbol{w} \right|^2 \Big/ \sigma^2 \qquad (5-39)$$

优化的目标是通过联合优化 AP 处的主动波束成形向量和 RIS 处的被动波束成形向量来最大化用户接收信噪比。因此，对应的优化问题可以表示为：

$$
\begin{aligned}
\text{P1}: & \max_{\boldsymbol{w}, \boldsymbol{\Theta}_1, \boldsymbol{\Theta}_2, \cdots, \boldsymbol{\Theta}_Z} \gamma \\
& \text{s. t. } \|\boldsymbol{w}\|^2 \leqslant P_0, \\
& \boldsymbol{\Theta}_z = \mathrm{diag}(\mathrm{e}^{\mathrm{j}\theta_{z,1}}, \mathrm{e}^{\mathrm{j}\theta_{z,2}}, \cdots, \mathrm{e}^{\mathrm{j}\theta_{z,N}}), \\
& \theta_{z,i} \in [0, 2\pi], \forall z = 1, 2, \cdots, Z; \forall i = 1, 2, \cdots, N
\end{aligned}
\qquad (5-40)
$$

式中，P_0 为 AP 处的发射功率。

上述优化问题描述了多 RIS 辅助的通信系统在约束条件下，由信道传输矩阵和传输波束成形向量所定义的单用户接收信噪比的目标函数。此外，接下来将考虑多用户情况，假设发射机和接收机处的信道状态信息都是完美的，则拥有 K 个用户的通信系统的和速率可以表示为：

$$R = \sum_{k=1}^{K} \log_2(1 + \gamma_k) \qquad (5-41)$$

同样地，考虑的问题为设计 AP 处主动波束成形和 RIS 处被动波束成形。优化的目标为在一定的约束条件下最大化多 RIS 辅助的多用户通信系统的和速率。因此，相应的优化问题可以表示为：

$$P2: \max_{W, \boldsymbol{\Theta}_1, \boldsymbol{\Theta}_2, \cdots, \boldsymbol{\Theta}_Z} R$$

$$\text{s. t. } \| W \|^2 \leqslant P,$$

$$\boldsymbol{\Theta}_z = \mathrm{diag}(e^{j\theta_{z,1}}, e^{j\theta_{z,2}}, \cdots, e^{j\theta_{z,N}}),$$

$$\theta_{z,i} \in [0, 2\pi], \forall z = 1, 2, \cdots, Z; \forall i = 1, 2, \cdots, N$$

$(5-42)$

式中，$W = [w_1, w_2, \cdots, w_K]$；$P$ 为 AP 处的总发射功率。

具体而言，上述两个优化问题成功地考虑了多 RIS 辅助通信系统的组合信道、主动波束成形和被动波束成形，此外，还建立了与多 RIS 辅助系统组合信道相关的两个目标函数，即单用户的接收信噪比和多用户的和速率。对于信道中的噪声和干扰，最大化接收信噪比与和速率也意味着可以更准确地定义和描述通信系统中更多有用的信息。

因此，优化的目标是通过支持多 RIS 辅助通信系统的这两个目标来优化通信性能。根据主动波束形成向量和被动波束形成向量的分布特点，这是一个涉及参数选择和更新的参数优化问题。可以看到，对于联合优化问题，需要优化的参数量随着用户数量、AP 处天线数量以及 RIS 的数量和大小而增加。对于多参数非凸优化问题，可以采用随机搜索算法求解。具体来说，CMA-ES 算法已经在广泛的应用经验中证明了有效性，它被认为对非凸、不可分离、条件差、多模态或有噪声的目标函数特别有效。一项对黑盒优化的调查发现，它的排名超过了其他 31 个优化算法，在"困难函数"或更大维度的搜索空间上表现得特别强[35]。受此启发，下面采用 CMA-ES 算法来解决这一联合优化问题。详细信息将在下一节中讨论。

5.5.2.3 基于协方差矩阵自适应进化策略的联合波束成形优化

进化算法是一类基于种群规划的优化算法，通常包括遗传算法、遗传规划、进化规划和进化策略。进化策略是一种黑箱优化算法，属于进化算法大类，主要包括简单高斯进化策略、自然进化策略、协方差矩阵自适应进化策略等。CMA-ES 是在进化策略算法基础上发展起来的一种新的全局优化算法，其成功克服了基本进化策略算法的局限性，并继承了基本进化策略算法的优点，将进化策略的可靠性、全局性与协方差矩阵的高引导性完美地结合起来，对求解复杂多峰值优化问题具有较强的适应性。

CMA-ES 算法是随机搜索算法在连续域求解复杂非线性非凸黑盒优化问题的一种特殊应用。CMA-ES 一般应用于无约束或有界约束优化问题，其搜索空间维数一般在 1~300。CMA-ES 被认为是进化计算领域的最新技术，已被全球数百个研究实验室和工业环境作为持续优化的标准工具之一[36]。

CMA-ES 算法将进化策略的可靠性和全局性与自适应协方差矩阵的高导向

性相结合，是一种在迭代过程中估计正定矩阵的二阶方法。CMA‒ES算法不使用也不近似梯度，甚至不假定或要求它们的存在，这使该方法在非光滑甚至非连续问题以及多模态和噪声问题上都可行。它被证明是一个特别可靠和高度有竞争力的局部优化进化算法，令人惊讶的是，第一眼看上去其也适用于全局优化[38]。

如果基于导数的方法（如拟牛顿法或共轭梯度法）由于崎岖的搜索路径而失败（如不连续、噪声、局部最优、异常值），则通常可采用基于CMA‒ES的随机搜索方法。然而，如果基于二阶导数的方法可以成功，其收敛速度通常比CMA‒ES快。例如，对于纯凸二次函数 $f(x)=x^{\mathrm{T}}Hx$，在梯度不可用的目标函数计算值方面，拟牛顿法的速度通常要快约10倍。此外，在最简单的二次函数 $f(x)=\|x\|^2=x^{\mathrm{T}}x$ 上，拟牛顿法速度快约30倍[39]。

1. 协方差矩阵自适应进化策略基本步骤

进化策略是一种模仿生物进化求解参数优化问题的方法，它采用实数值作为基因，总遵循某一均值、某一方差的高斯分布的变化产生新个体，然后保留好的个体。进化策略的关键在于交叉、变异、变异程度的变化及选择，交叉和变异定义了种群进化的方式。而协方差矩阵自适应进化策略最关键的操作是变异，变异操作通过采样多维正态分布来实现，算法的基本过程介绍如下。

（1）参数设置以及初始化：设置求解问题的静态参数 λ，μ，$\omega_{i=1,2,\cdots,\lambda}$，$c_\sigma$，$d_\sigma$，$c_1$，$c_\mu$，$c_c$ 等，初始化动态参数，例如均值 $m\in\mathbb{R}^n$，协方差矩阵 $C=I$，步长 $\sigma\in\mathbb{R}>0$，进化路径 $p_c=0$，$p_\sigma=0$，以及代数 $g=0$。

（2）正态采样以初始化种群分布：采样多维正态分布生成由 λ 个个体组成的种群，采样过程为：

$$x_k^{(g+1)}\sim m^{(g)}+\sigma^{(g)}\mathbb{N}(0,C^{(g)}),k=1,2,\cdots,\lambda \tag{5-43}$$

式中，x_k^{g+1} 为子代（$g+1$）代个体的搜索点；$m^{(g)}$ 为父代 g 代个体的均值；$\mathbb{N}(0,C^{(g)})$ 为零均值、协方差矩阵为 $C^{(g)}$ 的多维正态分布；$\sigma^{(g)}$ 为标准差或搜索步长；λ 为父代个体的数量。

（3）评价与选择：根据"优胜劣汰"的原理，建立适应度函数逐个评价种群中所有的个体，并根据评价结果进行排序，选出排名靠前的 μ 个个体组成当前的最优子群，以作为产生下一代的父本。

（4）基因重组：重组过程模仿了自然界的个体交配过程，由父代产生的子代个体将保留父代的部分信息，在协方差矩阵自适应进化策略中，通过利用父代产生的 μ 个个体组成的最优子群信息更新策略参数，如移动均值 $m^{(g)}$、自适应协方差矩阵 $C^{(g)}$ 以及控制步长 $\sigma^{(g)}$。

首先是移动均值，即通过设置权重 ω_i 将最优子群进行加权平均得到的值来作为下一代突变的中心点。

$$m^{(g+1)} = \sum_{i=1}^{\mu} \omega_i x_{i:\lambda}^{(g+1)} \qquad (5-44)$$

$$\sum_{i=1}^{\mu} \omega_i = 1, \omega_1 \geqslant \omega_2 \geqslant \cdots \geqslant \omega_\mu > 0 \qquad (5-45)$$

$$m^{(g+1)} = m^{(g)} + c_m \sum_{i=1}^{\mu} \omega_i (x_{i:\lambda}^{(g+1)} - m^{(g)}) \qquad (5-46)$$

式中，λ 和 μ 为父代种群规模，并通过 $\mu < \lambda$ 实现截断选择；$x_{i:\lambda}^{(g+1)}$ 为（$g+1$）代 λ 个个体中第 i 个最优个体；$\omega_{i=1,2,\cdots,\mu} \in \mathbb{R} > 0$ 为重组的加权平均系数，且 $\omega_1 \geqslant \omega_2 \geqslant \cdots \geqslant \omega_\mu > 0$；$c_m \leqslant 1$，为学习率，通常设置为 1。

其次是利用最优子群信息自适应协方差矩阵，假设种群包含足够的信息，可以可靠地估计协方差矩阵，并结合"秩 $-\mu$"更新和"秩 -1"更新两种机制实现协方差矩阵的自适应。具体方程如下：

$$\boldsymbol{C}^{(g+1)} = (1 - c_1 - c_\mu \sum \omega_j) \boldsymbol{C}^{(g)} + c_1 p_c^{(g+1)} (p_c^{(g+1)})^{\mathrm{T}} + c_\mu \sum_{i=1}^{\lambda} \omega_i (y_{i:\lambda}^{(g+1)}) (y_{i:\lambda}^{(g+1)})^{\mathrm{T}}$$
$$(5-47)$$

$$y_{i:\lambda}^{(g+1)} = \frac{(x_{i:\lambda}^{(g+1)} - m^{(g)})}{\sigma^{(g)}} \qquad (5-48)$$

$$p_c^{(g+1)} = (1 - c_c) p_c^{(g)} + \sqrt{c_c (2 - c_c) \mu_{\mathrm{eff}}} \frac{(m^{(g+1)} - m^{(g)})}{\sigma^{(g)}} \qquad (5-49)$$

式中，$\sum_{i=1}^{\lambda} \omega_i (y_{i:\lambda}^{(g+1)}) (y_{i:\lambda}^{(g+1)})^{\mathrm{T}}$ 为"秩 $-\mu$"更新机制；$p_c^{(g+1)} (p_c^{(g+1)})^{\mathrm{T}}$ 为"秩 -1"更新机制；$p_c^{(g)}$ 为第 g 代的进化路径；c_1、c_μ、c_c 均为学习率。协方差矩阵的更新结合了"秩 $-\mu$"更新和"秩 -1"更新两种机制，其中，"秩 $-\mu$"更新充分利用了当前代整个种群的信息，在种群规模较大时发挥了重大的作用；"秩 -1"更新通过进化路径充分利用了代与代之间的信息，在种群规模较小时尤为重要，使协方差矩阵的更新可以很好地适应种群规模大小的变化，既节约了计算成本，又保证了搜索精度。

最后是控制步长，步长决定着分布的整体尺度，步长太大会影响搜索精度，太小则导致搜索时间过长。在协方差矩阵自适应进化策略中，希望实现最优搜索步长的竞争性自适应变化，通过下式控制步长：

$$\sigma^{(g+1)} = \sigma^{(g)} \exp\left(\frac{c_\sigma}{d_\sigma}\left(\frac{\|p_\sigma^{(g+1)}\|}{E\|\mathbb{N}(0,I)\|} - 1\right)\right) \qquad (5-50)$$

式中，$p_\sigma^{(g+1)}$ 为第（$g+1$）代的共轭进化路径；c_σ 为学习率；d_σ 为阻尼系数。

（5）将更新得到的策略参数 $m^{(g+1)}$、$\boldsymbol{C}^{(g+1)}$ 和 $\sigma^{(g+1)}$ 代入种群策略基本方程式（5-43）中，生成下一代的种群，实现对最优解的逼近，判断是否达到收敛的终止条件，若是，则停止，否则继续进行策略参数的更新和优化。

协方差矩阵自适应进化策略通过利用当代最优子群与上一代均值间的关系自适应协方差矩阵来实现个体突变方向的调整，并将前代搜索步长的信息引入协方差矩阵的更新中，使其突变模式更具有引导性，同时，通过高引导性的协方差矩阵和有效的全局步长，使进化过程具有很高的效率。

2. 基于协方差矩阵自适应进化策略的联合波束成形向量优化方案

考虑基于协方差矩阵自适应进化策略进行主、被动波束成形向量的联合优化。算法流程如算法 5 – 4 所示。

算法 5 – 4　基于协方差矩阵自适应进化策略的发射信号分布参数优化算法

初始化：

　　设置静态参数 λ，μ，$\omega_{i=1,2,\cdots,\lambda}$，$c_\sigma$，$d_\sigma$，$c_1$，$c_\mu$，$c_c$；

　　初始化均值 $m \in \mathbb{R}^n$，协方差矩阵 $C = I$，步长 $\sigma \in \mathbb{R} > 0$，进化路径 $p_c = 0$，$p_\sigma = 0$；

算法流程：

1：重复迭代：

2：根据目标函数和约束违反度建立适应度函数：

　　　　$f(x) = \text{fit}(x) + \text{voi}(x)$

3：**for** $k = 1,\ 2,\ \cdots,\ K$ **do**

4：　　对主、被动波束成形向量进行正态采样生成初始种群；

5：　　交叉重组，更新策略参数；

6：　　移动均值 $m^{(g+1)} \sim m^{(g)}$；

7：　　自适应协方差矩阵 $C^{(g+1)} \sim C^{(g)}$；

8：　　控制步长 $\sigma^{(g+1)} \sim \sigma^{(g)}$；

9：　　将更新得到的策略参数重新代入种群策略基本方程式（5 – 43）；

10：**end for**

针对 5.5.2.1 节的 RIS 辅助多用户通信系统，针对用户数为 1 时和多用户时的情况，用户接收信噪比及和速率优化问题可以分别归结为式（5 – 40）和式（5 – 42）。

然后，基于协方差矩阵自适应进化策略求解此约束优化问题，步骤如下：对主动、被动波束成形向量按式（5 – 43）进行正态采样生成初始种群，根据式（5 – 40）、式（5 – 42）的目标函数接收信噪比、和速率及约束违反度建立适应度函数；按照式（5 – 44）~式（5 – 47）更新种群的策略参数，再代入式（5 – 42）生成下一代的种群，实现对最优解的逼近；判断是否达到收敛的终止条件，若是，则停止，否则，继续进行策略参数的更新和优化。

5.5.3 仿真结果与分析

5.5.3.1 基于种群进化算法的 RIS 反射系数优化仿真

本节介绍了文献［29］中的数值仿真分析来验证 5.5.1.2 节所介绍的基于种群进化算法的 RIS 反射系数优化方案的有效性，分别考虑了 AP 处的均匀线性阵列和 RIS 处的均匀矩形阵列（Uniform Rectangular Array，URA）。具体地，设置 AP 处的发射天线数 $M=4$，用户数量为 8 个，用户处的目标信噪比 $\rho = 10$ dB，RIS 处的反射元件数 $N \in [0,80]$，见表 5−1。此外，假设所有涉及的信道都采用准静态平坦衰落信道模型。

表 5−1 通信系统仿真参数设置

参数	取值
AP 处发射天线数	$M=4$
用户数量	$K=8$
用户处目标信噪比	$\rho = 10$ dB
RIS 元件数	$N \in [0,80]$
相移系数	$\theta_n \in [0,2\pi)$
振幅系数	$\beta_n = 1$

同时，为了验证基于种群进化算法的 RIS 反射系数优化方案的有效性，将种群进化算法与其他基准方案的性能进行了对比实验，涉及的基准方案如下所述。

（1）未部署 RIS：无 RIS 反射信道下通信系统的信道容量。

（2）随机相移：在 $|\alpha_n| = 1$，$\forall n$ 的约束下随机生成相移系数 $\{\alpha_n\}_{n=1}^{N}$，且遵循 $[0, 2\pi)$ 下的独立均匀分布。

（3）容量下界：通过渐近分析方法获得 RIS 辅助多用户通信系统信道容量的下界。

图 5−10 展示了 RIS 辅助多用户通信系统的信道容量与反射单元数之间的关系。可以观察到，基于种群进化算法的 RIS 反射系数优化方案要优于其他基准方案，并且通信系统的信道容量增益随着反射单元数的增加而增加。这是因为随着反射单元数目的增加，RIS 提供了更多的通信自由度，进一步改善了信道条件，从而获得更高的性能增益。

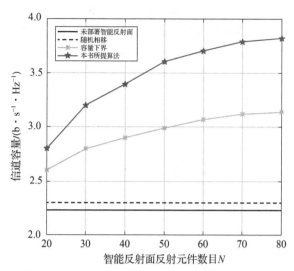

图 5 – 10　不同方案下通信系统的信道容量与反射单元数之间的关系

图 5 – 11 展示了该 RIS 辅助多用户通信系统的信道容量与发射功率约束之间的关系。可以观察到，基于种群进化算法的 RIS 反射系数优化方案要优于其他基准方案，并且随着发射功率约束的增加，所有方案都产生了相似的性能增益。因此，在满足通信系统一定的信道容量需求的条件下，算法可以显著地降低发射功率。

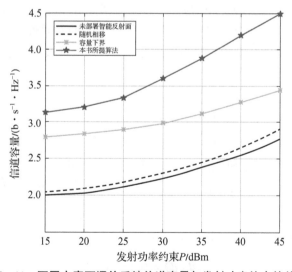

图 5 – 11　不同方案下通信系统信道容量与发射功率约束的关系

图 5 – 12 展示了 RIS 辅助多用户通信系统的信道容量与种群进化算法迭代次数之间的收敛特性。可以观察到，基于种群进化算法的 RIS 反射系数优化方案在

进化博弈模型下，RIS 的每个反射元件都能独立地进行反射系数的调谐，并通过交叉、变异和选择等操作机制完成种群的进化，除此之外，由于种群进化算法可以利用种群的平均收益信息，可以很快收敛到进化均衡，大幅提高了算法的运行效率和稳定性。

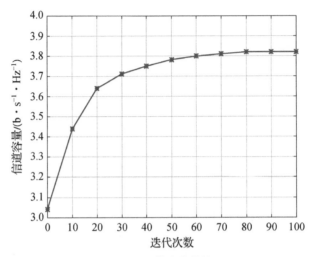

图 5 - 12　算法收敛性

5.5.3.2　基于协方差矩阵自适应进化算法的发射反射系数联合优化仿真

本节介绍了文献 [29] 中的数值仿真分析来验证 5.5.2 节所介绍的多 RIS 辅助通信系统主动、被动波束成形向量联合优化方案的有效性，分别考虑了 AP 处的均匀线性阵列和 RIS 处的均匀矩形阵列。假设所有涉及的信道都采用准静态平坦衰落信道模型。

1. 单用户

为了简化模型，设计了如图 5 - 13 所示的 RIS 辅助单用户通信系统的模拟俯视图。其中，用户位于与连接 AP、RIS 的参考线平行的水平线上，d_v 表示两条水平线之间的垂直距离，d_{AR1} 和 d_{AR2} 分别表示第 1 个 RIS 和第 2 个 RIS 与 AP 之间的距离，d 表示用户与 AP 之间的水平距离。因此，AP - 用户距离和 RIS - 用户距离可以分别表示为 $d_{AU} = \sqrt{d^2 + d_v^2}$，$d_{UR1} = \sqrt{(d_{AR1} - d)^2 + d_v^2}$，$d_{UR2} = \sqrt{(d_{AR2} - d)^2 + d_v^2}$。与距离相关的路径损耗模型由下式给出：

$$L(d) = C_0 \left(\frac{d}{D_0} \right)^{-\xi} \tag{5-51}$$

式中，C_0 为参考距离 $D_0 = 1$ m 处的路径损耗；d 为链路距离；ξ 为路径损耗指数。

具体地，考虑一个单用户通信系统，其中，AP 处的发射功率 $P_0 = 30$ dBm，

RIS 的数量 $Z = 2$，AP 处的天线数量 $M = 2$。系统中的其他参数设置如下：$C_0 = -30$ dB，$\sigma^2 = -80$ dBm，$d_{AR1} = 20$ m，$d_{AR2} = 30$ m。

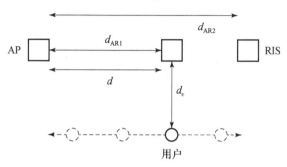

图 5 – 13　RIS 辅助单用户通信系统模拟俯视图

　　基于此，为了验证所提算法在提升单用户场景下的接收信噪比方面的有效性，采用下述波束成形优化算法进行对比。

　　（1）交替优化：利用交替优化算法实现被动和主动波束成形联合优化[40]。

　　（2）MRT_AP_RIS：这是一种设计主动波束成形向量的算法，使 RIS 的接收信噪比最大，其中，基于 AP – RIS 之间秩为 1 的信道实现最大比传输（MRT）。反射系数由文献［40］中提出的闭合解得到。

　　（3）MRT_AP_用户：基于 AP – 用户之间的直射信道实现最大比传输。反射系数由文献［40］中提出的闭合解得到。

　　（4）无 RIS：系统中不存在 RIS，仅基于 AP – User 之间的直射信道实现最大比传输。

　　首先，研究多 RIS 辅助的无线通信系统中接收信噪比与 AP 到用户之间水平距离的关系（智能反射面单元数 $N = 40$）。图 5 – 14 比较了所提算法和基准算法之间的数值关系。一方面，可以观察到所提算法的接收信噪比明显优于其他算法；另一方面，当和无 RIS 方法进行对比时，可以发现，随着距离的增加，由于较大的信号衰落，通信系统中逐渐远离 AP 的用户的接收信噪比将会逐渐降低。在这种情况下，通过部署 RIS，可以有效地缓解这个问题。由于组合信道的信号增益，距离 AP 远的用户可能更接近 RIS。因此，它可以接收到来自 RIS 的反射信号，在一定程度上提高了系统的接收信噪比，并有效地扩大了信号的覆盖范围。例如，接近 AP（$d = 5$ m）的用户、接近第一个 RIS（$d = 20$ m）的用户和接近第二个 RIS（$d = 30$ m）的用户可以分别比他们周围的用户获得更好的信噪比。此外，当 $d = 20$ m 时，交替优化方案可以获得相对接近所提方案的信噪比，然而当用户进一步远离第一个 RIS 时，会导致较大的信噪比损失。这是因为交替优化算法被用于优化第一个 RIS 的反射系数。如图 5 – 14 所示，当用户接近 AP 时，

MRT_AP_RIS 算法获得的接收信噪比小于无 RIS 算法所获得的信噪比。进一步可以看到，当用户更接近 AP 时，MRT_AP_用户算法的信噪比可以接近所提算法的信噪比。随着与 RIS 的距离逐渐减小，该算法的表现更差。因为在这种条件下，用户接收到的信号更多地由 AP – 用户之间的直射链路所主导，RIS – 用户链路将处于次要地位。因此，随着 AP 与用户之间距离的变化，在波束成形设计中应考虑用户信号源的动态调整，以实现直射链路和反射链路之间的最优平衡。

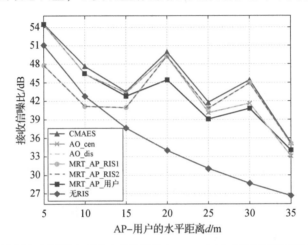

图 5 – 14　不同方案下通信系统接收信噪比与 AP – 用户水平距离的关系（附彩插）

其次，研究当 AP 与用户之间的水平距离固定（$d = 25$ m，$P_0 = 40$ dBm）时，多 RIS 辅助无线通信系统的接收信噪比与 RIS 反射元件数 N 之间的关系。图 5 – 15 比较了所提方案（即 CMA – ES 算法下的优化方案）、基准方案和没有 RIS 的方案之间的数值关系。在这种情况下，当用户更接近 RIS 时，用户也将从

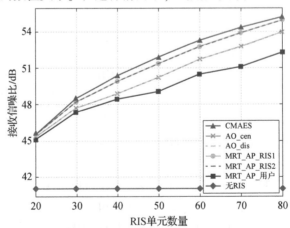

图 – 15　不同方案下通信系统接收信噪比与 RIS 元件数的关系（附彩插）

RIS 接收到更多的反射信号。因为反射信号的强度比直射信号的强度大，在图 5 – 15 中可以看出，通过 CMA – ES 算法优化的方案在接收信噪比方面优于其他方案。随着反射元件的数量 N 的增加，这种效果也会得到改善。这种性能的提高主要在于两个方面：一方面，增加 N 可以从 AP 接收到更多的信号能量，导致 N 的接收阵列的增益增强；另一方面，增加 N 也可以使 RIS 反射更多的信号能量，导致 N 的反射阵列的增益增强。然而，随着 N 的增加，可以观察到接收信噪比的提高速度逐渐缓慢，这可能与 RIS 反射单元本身的性质有关。因此，在多 RIS 辅助通信系统的波束成形设计中，也应根据 AP 的覆盖范围和 RIS 的位置来适当地选择反射单元的数量 N。

最后，研究多 RIS 辅助无线通信系统的接收信噪比与发射功率 P_0（$d =$ 25 m，$N = 40$）之间的关系。图 5 – 16 比较了所提出的方案（即 CMA – ES 算法下的优化方案）与基准方案及没有 RIS 的方案之间的数值关系。可以看出，通过 CMA – ES 算法优化的方案在接收信噪比方面优于其他方案。随着发射功率 P_0 的增加，所有方案的接收信噪比都迅速增加。

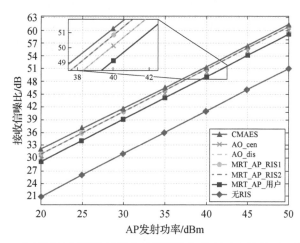

图 5 – 16　不同方案下通信系统接收信噪比与发射功率的关系（附彩插）

2. 多用户

图 5 – 17 所示为多用户的仿真场景设置。AP 到三个用户的水平距离分别为 $d_1 = 15$ m，$d_2 = 20$ m，$d_3 = 25$ m。其他系统参数设置如下：$C_0 = -30$ dB，$\sigma^2 = -50$ dBm，$d_{AR1} = 20$ m，$d_{AR2} = 30$ m。

采用以下波束成形算法进行比较：

（1）MRT_AP_用户：基于 AP – 用户之间的直射信道实现最大比传输，反射系数在满足约束的条件下随机生成。

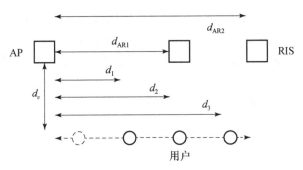

图 5-17 多 RIS 辅助多用户通信系统模拟俯视图

（2）波束成形：基于 AP-User 之间的直射信道实现最大比传输，RIS 从通信系统中移除。

（3）随机：主动、被动波束成形向量均在满足约束的条件下随机生成。

首先，研究多 RIS 辅助无线通信系统的和速率与 RIS 反射单元数 N（P = 30 dBm）之间的关系。从图 5-18 中可以看到，在 CMA-ES 算法的优化条件下，多 RIS 辅助的多用户系统的和速率明显优于基准测试方案。此外，随着反射单元数 N 的增加，随机方法得到的和速率将逐渐增加，最终超过波束成形法得到的和速率。这是因为增加 N 可以提高 RIS 的接收和反射增益，从而使用户接收到更多的信号能量。

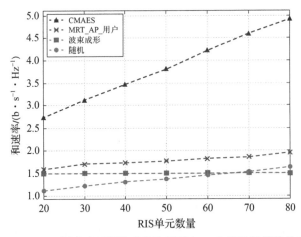

图 5-18 不同方案下通信系统和速率与 RIS 单元数量的关系

其次，研究多 RIS 辅助无线通信系统的和速率与总发射功率 P（N = 30）之间的关系。图 5-19 比较了所提方案（即 CMA-ES 算法下的优化方案）与基准方案之间的数值关系。可以看出，通过 CMA – ES 算法优化的方案在求和速率方面优于其他方案。随着发射功率 P 的增加，所有方案的和速率均迅速增加。

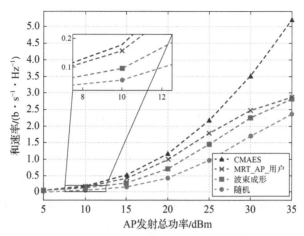

图 5 – 19　不同方案下通信系统和速率与发射功率的关系

最后，研究多 RIS 辅助无线通信系统的和速率与搜索迭代轮次 n（$N=30$）之间的关系。在图 5 – 20 中可以看到，在较大的总发射功率约束下，该算法的收敛速度更快。

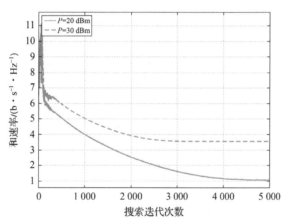

图 5 – 20　不同发射功率下和速率与搜索迭代次数的关系

可以直接观察到，在 CMA – ES 算法的优化下，多 RIS 辅助通信系统的接收信噪比与和速率都优于基准方案。利用 CMA – ES 算法的参数调整特性，对波束成形向量元素的均值、协方差矩阵等相关参数进行更新，当得到每次迭代的结果时，可以自适应地减少下一代搜索结果的搜索空间，并沿着成功搜索的方向增加方差。换句话说，可以增加沿这些方向采样的概率，让 AP 和 RIS 共同调整发射波束成形参数和反射波束成形参数，直至达到收敛。

参 考 文 献

[1] Wu Q, Zhang R. Intelligent reflecting surface enhanced wireless network via joint active and passive beamforming[J]. IEEE Transaction on Wireless Communications, 2019, 18(11): 5394 – 5409.

[2] Zhang S, Zhang R. Capacity characterization for intelligent reflecting surface aided mimo communication[J]. IEEE Journal on Selected Areas in Communications, 2020, 38(8): 1823 – 1838.

[3] Cui M, Zhang G, Zhang R. Secure wireless communication via intelligent reflecting surface[J]. IEEE Wireless Communications on Letters, 2019, 8(5): 1410 – 1414.

[4] Poushter J. Smartphone ownership and internet usage continues to climb in emerging economic[J]. Pew Research Center Report, 2016, 22(1): 1 – 44.

[5] Hasal M, Nowaková J, Ahmed Saghair K, et al. Chatbots: Security, privacy, data protection, and social aspects[J]. Concurrency and Computation: Practice and Experience, 2021, 33(19): e6426.

[6] Hard A, Rao K, Mathews R, et al. Federated learning for mobile keyboard prediction[J]. arxiv: 1811. 03604, 2018.

[7] LeCun Y, Bottou L, Bengio Y, et al. Gradient – based learning applied to document recognition[J]. Proceedings of the IEEE, 1998, 86(11): 2278 – 2324.

[8] Krizhevsky A, Sutskever I, Hinton GE. Imagenet classification with deep convolutional neural networks[J]. Communications of the ACM, 2017, 60(6): 84 – 90.

[9] Hochreiter S, Schmidhuber J. Long short – term memory[J]. Neural Computation, 1997, 9(8): 1735 – 1780.

[10] Bengio Y, Ducharme R, Vincent P. A neural probabilistic language model[J]. Advances in Neural Information Processing Systems, 2003(13): 1 – 7.

[11] Kim Y, Jernite Y, Sontag D, et al. Character – aware neural language models[C]. Proceedings of the AAAI Conference on Artificial Intelligence, Phoenix, Arizona, USA, 2016: 2741 – 2749.

[12] Sweeney L. Simple demographics often identify people uniquely[J]. Health(San Francisco), 2000, 671(2000): 1 – 34.

[13] Chaum D L. Untraceable electronic mail, return addresses, and digital pseudonyms[J]. Communications of the ACM, 1981, 24(2): 84 – 90.

[14] McMahan B, Moore E, Ramage D, et al. Communication – efficient learning of deep

networks from decentralized data[J]. arxiv:1602. 05629,2016.

[15]LeCun Y,Bengio Y,Hinton G. Deep learning[J]. Nature,2016,521(7553): 436 – 444.

[16]Ioffe S,Szegedy C. Batch normalization:Accelerating deep network training by reducing internal covariate shift[C]. International Conference on Machine Learning,Lille,France,2015:448 – 456.

[17]Chen J,Pan X,Monga R,et al. Revisiting distributed synchronous SGD[J]. arxiv: 1604. 00981,2016.

[18]Ma D,Li L,Ren H,et al. Distributed rate optimization for intelligent reflecting surfaces with federated learning[C]. IEEE International Conference on Communication Workshops,Dublin,Ireland,2020:1 – 6.

[19]Bonawitz K,Kairouz P,McMahan B,et al. Federated learning and privacy:Building privacy – preserving systems for machine learning and data science on decentralized data[J]. Queue,2017,19(5):87 – 114.

[20]Heath RW,Gonzalez – Prelcic N,Rangan S,et al. An overview of signal processing techniques for mmWave MIMO systems[J]. IEEE Journal of Selected Topics in Signal Processing,2016,10(3):436 – 453.

[21]Taha A,Alrabeiah M,Alkhateeb A. Enabling large intelligent surfaces with compressive sensing and deep learning[J]. IEEE Access,2021(9):44304 – 44321.

[22]Chen M,Yang Z,Saad W,et al. A joint learning and communications framework for federated learning over wireless networks[J]. IEEE Transactions on Wireless Communications,2020,20(1):269 – 283.

[23] Alkhateeb A. DeepMIMO:A generic deep learning dataset for mmWave and massive MIMO applications[J]. arxiv:1902. 06435,2019.

[24]Remcom[EB/OL]. Avliable:http://www. remcom. com/wireless – insite.

[25]Aydin M,Kiraz B,Kiraz A,et al. Digital holograms obtained using advanced evolution strategies[C]. International Conference on Central Engineering and Information Technology,Istanbul,Turkey,2018:1 – 5.

[26]De Melo V V,Iacca G. A CMA – ES – based 2 – stage memetic framework for solving constrained optimization problems[C]. IEEE Symposium on Foundations of Computational Intelligence,Orlando,FL,2014:143 – 150.

[27]Colutto S,Fruhauf F,Fuchs M,et al. The CMA – ES on riemannian manifolds to reconstruct shapes in 3 – D voxel images[J]. IEEE Transactions on Evolutionary Computation,2009,14(2):227 – 245.

[28] Kundu R, Mukherjee R, Debchoudhury S, et al. Improved CMA – ES with memory based directed individual generation for real parameter optimization[J]. IEEE Congress on Evolutionary Computation, 2013, 1(1):748 – 755.

[29] 胡海鑫. 基于进化理论的智能反射面辅助通信系统性能研究[D]. 西安:西北工业大学,2021.

[30] Chu Z, Hao W, Xiao P, et al. Intelligent reflecting surface aided multi – antenna secure transmission[J]. IEEE Wireless Communications Letters, 2020, 9 (1): 108 – 112.

[31] Bai T, Pan C, Deng Y, et al. Latency minimization for intelligent reflecting surface aided mobile edge computing[J]. IEEE Journal on Selected Areas in Communications, 2020, 38(11):2666 – 2682.

[32] Subrt L, Pechac P. Intelligent walls as autonomous parts of smart indoor environments[J]. IET Communications, 2012, 6(8):1004 – 1010.

[33] Di Renzo M, Zappone A, Debbah M, et al. Smart radio environments empowered by reconfigurable intelligent surfaces: How it works, state of research, and the road ahead[J]. IEEE Journal on Selected Areas in Communications, 2020, 38 (11): 2450 – 2525.

[34] Mishra D, Johansson H. Channel estimation and low – complexity beamforming design for passive intelligent surfaces assisted MISO wireless energy transfer[C]. IEEE International Conference on Acoustics, Speech and Signal Processing, Brighton, UK, 2019:4659 – 4663.

[35] Hansen N, Auger A, Ros R, et al. Comparing results of 31 algorithms from the black – box optimization benchmarking BBOB – 2009[C]. Proceedings of the 12th Annual Conference Companion on Genetic and Evolutionary Computation, Portland Oregon, USA, 2010:1689 – 1696.

[36] Krimpmann C, Braun J, Hoffmann F, et al. Active covariance matrix adaptation for multi – objective CMA – ES[C]. Sixth International Conference on Advanced Computational Intelligence, Hangzhou, China, 2013:189 – 194.

[37] Hansen N, Niederberger A S, Guzzella L, et al. A method for handling uncertainty in evolutionary optimization with an application to feedback control of combustion [J]. IEEE Transactions on Evolutionary Computation, 2008, 13(1):180 – 197.

[38] Xu P, Luo W, Lin X, et al. Hybrid of PSO and CMA – ES for global optimization [C]. IEEE Congress on Evolutionary Computation, Wellington, New Zealand, 2019:27 – 33.

［39］De Melo V V，Iacca G. A CMA – ES – based 2 – stage memetic framework for solving constrained optimization problems［C］. IEEE Symposium on Foundations of Computational Intelligence，Orlando，FL，2014：143 – 150.

［40］Wu Q，Zhang R. Intelligent reflecting surface enhanced wireless network：Joint active and passive beamforming design［C］. IEEE Global Communications Conference，Abu Dhabi，United Arab Emirates，2018：1 – 6.

第 6 章

智能超表面：辅助 AI 应用

上一章介绍了人工智能在解决智能超表面优化问题中的应用，而智能超表面也可以反过来用于辅助人工智能应用，本章主要介绍智能超表面如何用于辅助用户调度策略优化和分组异构训练。

6.1 现有工作与技术难点分析

6.1.1 现有工作

在信息时代，数据的爆炸式增长为人工智能和深度学习[1]的发展奠定了坚实的基础。特别是 DL 模型增强了广泛的智能应用，如目标检测[2]、机器健康监测[3]、语音识别[4]和机器翻译[5]。训练一个性能更好的网络模型需要投入大量的数据来提取更准确的特征，因此获得更多的数据是极其重要的。在保险、医疗等行业中，必须充分利用他人的数据和模型参数，以获得更好的网络性能。然而，由于对数据隐私的考虑，客户端之间存在孤立的数据。这促进了联邦学习的发展，即允许客户端在保护数据隐私的前提下共享模型参数，从而提高了网络的最终性能。

到目前为止，FL 主要有两种类型：服务器参数聚合和分散聚合。在服务器参数聚合体系结构中，存在一个服务器节点来聚合由客户端节点训练的参数及其本地数据[6]。但是，当服务器和客户端节点之间的通信条件变得苛刻时[7]，该方案可能会浪费大量的通信时间。相反，对于分散的聚合，本地更新直接在参与者的客户端节点之间进行交换，而没有一个中央服务器，以避免花费大量的通信时间。

随着 6G 和物联网技术的进步，大量的智能设备被连接到网络上，这使 FL 对提高无线通信系统的性能具有重要意义[8-11]。另外，RIS 作为下一代无线通信的重要技术，为提高通信系统的性能提供了一种新的选择[12,13]。反射元件可以通过对入射信号产生独立的相移，主动调整传播信道，以规避不合适的传播条件。一般来说，FL 框架中的模型信息通信过程需要大量的时间，这意味着更好的通信环境可以有效地减少 FL 模型收敛所需的时间。到目前为止，RIS 已经被认为是增强无线通信信道的一种工具。因此，利用 RIS 来增强 FL 通信过程是一个很自然的想法[14-16]。然而，这些设备的通信和计算能力有很大的不同，因此，在集中聚合中存在高延迟的问题，由此鼓励了分散式 FL 算法的发展。

联邦平均（FedAvg）[6]是服务器参数方案中广泛实现的算法。FedAvg 利用服务器节点收集并平均客户端节点发送的本地模型，然后服务器节点将更新后的模型参数分配回客户端节点。另外，Gossip 学习[17,18]为 FL 提供了一种分散聚合的方法，Gossip 意为"流言蜚语"，Gossip 学习就像流言蜚语一样，利用一种随机、带有传染性的方式，将信息传播到整个网络中，并在一定时间内使系统内的所有节点数据一致。Gossip 其实是一种去中心化思路的分布式方法，解决信息在集群中的传播和最终一致性。在 Gossip 学习中，客户端节点在每轮周期更新中随机选择一个或多个客户端节点，然后与所选节点交换本地更新。通过这种方式，客户端会异步地训练和更新模型。

6.1.2 存在的问题与技术难点

在 FL 中，边缘终端与基站服务器之间的无线链路受到信道衰落和加性噪声的影响[19]。这些因素会增加聚合模型的误差，降低全局模型的收敛速度，从而影响 FL 系统的性能。在 FL 的聚合阶段，均方误差可以作为 FL 聚合误差的度量。此外，无线计算（AirComp）是无线通信中一种很有前途的数据聚合方法，可以实现更快的收敛速度，提高全局模型质量[20]。对于毫米波（mmWave）通信，障碍物对信号的阻塞效应不能忽略[21]。为了克服毫米波信道衰落的不利影响，可以借助 RIS，通过重建无线传播环境，在非视距链路上增强接收信号来提高频谱和能源效率。虽然最近有一些 FL 和 RIS 结合的工作[8,16]，但是由于毫米波信道的不利影响，在广播阶段的终端随机选择策略仍未获得良好的解决方案。

另外，由于客户端的异构性，如不同的通信条件和客户端的计算能力，局部训练后更新的模型延迟了收敛，从而增加了经济成本，抑制了客户参与 FL 的动机。文献［22］中提出了一种基于共识的 FedAvg 算法（CFA）。然而，该算法缺乏客户端之间的拓扑构造方案，网络拓扑需要人工设计。在移动网络中，通信环境的动态变化导致了不同的延迟，因此，对拓扑结构也需要进行动态调整，以进行优化。

6.2 RIS 辅助联邦学习中的用户调度策略研究

对于 6.1.2 节所提的第一个技术难点，本节介绍了文献［23］中提出的具有毫米波频段的室外通信场景，其通信链路被障碍物阻塞，通过部署 RIS 来重建非视距链路，并使用一种新的 UE 调度策略来优化该系统的性能。具体来说，文献 [23] 提出了一种新的个性化广播策略：UE 集的选择基于每个 UE 的信道状态，该策略可以在较少的通信轮数下提高收敛性能。对于采用的双二次约束联合优化聚合向量和 RIS 相移的最小范数非凸优化问题，文献 [23] 提出了交替更新相移和聚合向量的方法，利用矩阵提升方法、双步凸差分（Difference – of – Convex，DC）算法和连续线性化方法来对优化问题进行求解。

6.2.1 系统模型

6.2.1.1 FL 模型

如图 6-1 所示，RIS 辅助 NLoS 路径的 FL 系统由配备 M 个发射天线的 BS、K 个单天线 UE、配备 N 个无源反射单元的 RIS 和 FL 系统外的多个干扰设备组成。边缘 UE $k \in \{1, 2, \cdots, K\}$ 有自己的数据集 D_k，并在特定的区域移动。BS 作为一个边缘服务器，聚合和更新本地模型。同时，干扰设备的位置也是固定的。

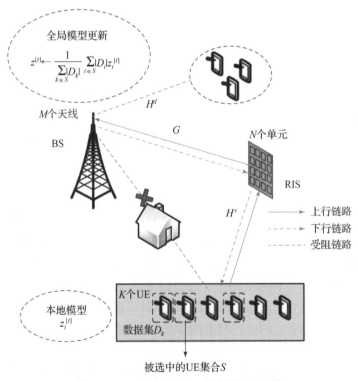

图 6-1 RIS 辅助 NLoS 路径的 FL 系统

为利用 FedAvg 来训练一个全局模型，在第 t 轮通信中，BS 和 UE 执行以下 FL 过程。

（1）BS 从集合中选择边缘 UE 并广播全局模型：根据信道状态，BS 选择具有更好的信道质量的 UE 集 $S \subseteq \{1, 2, \cdots, K\}$，并广播全局模型 $z^{[t-1]}$。

（2）边缘 UE $k \in S$ 实施局部模型更新算法，并利用局部数据 D_k 得到了局部模型 $z_k^{[t-1]}$。

（3）通过对 BS 上所有局部模型更新量的平均聚合，得到更新后的全局模型 $z^{[t]}$：

$$z^{[t]} \leftarrow \frac{1}{\sum_{k \in S} |D_k|} \sum_{i \in S} |D_i| z_i^{[t]} \tag{6-1}$$

6.2.1.2　通信模型

为了快速聚合来自不同用户的局部模型数据并改进全局模型，文献 [23] 选择使用 AirComp，利用多通道波形叠加特性，实现了多终端并发数据传输与函数计算的结合[20]。

目标函数是式（6-1），它用于聚合 FL 系统中的局部更新。假设 $s_i = |D_i| z_i$ 作为 BS 需要获得的目标函数变量。设 $\boldsymbol{h}_k^r \in \mathbb{C}^N$ 和 $\boldsymbol{G} \in \mathbb{C}^{M \times N}$ 表示从第 k 个 UE 到 BS 的等效信道，$\boldsymbol{h}_c^d$ 是 BS 和干扰设备之间的信道。因此，在 BS 处接收到的信号为：

$$y = \sum_{i \in S} \boldsymbol{G}\boldsymbol{\Theta}\boldsymbol{h}_i^r w_i s_i + \boldsymbol{n} \tag{6-2}$$

式中，w_i 为发射机系数；$n \sim CN(0, \sigma^2 I)$ 为加性高斯白噪声，方差为 σ^2；$\boldsymbol{\Theta} = \mathrm{diag}(\beta e^{j\theta_1}, \cdots, \beta e^{j\theta_N}) \in \mathbb{C}^{N \times N}$ 为 RIS 相移矩阵。

在第 t 轮通信中，BS 处接收到的用户信号的信噪比表示为：

$$\gamma_k^{[t]} = \frac{\boldsymbol{G}\boldsymbol{\Theta}\boldsymbol{h}_k^r P_{ut}}{\sum_{c \in \phi} \boldsymbol{h}_c^d P_{ut} + \sigma^2} \tag{6-3}$$

式中，P_{ut} 为每个 UE 的发射功率。

聚合的目标函数 $g = \sum_{i \in S} s_i$，聚合向量为 $\boldsymbol{m}$，聚合的估计函数 $\hat{g} = \boldsymbol{m}^H y$。用 MSE 方法测量 FedAvg 算法的聚合性能如下：

$$\mathrm{MSE}(\hat{g}, g) = \frac{1}{\eta} \sum_{i \in S} |\boldsymbol{m}^H \boldsymbol{G}\boldsymbol{\Theta}\boldsymbol{h}_i^r w_i - \phi_i|^2 + \frac{\sigma^2}{\eta} \|\boldsymbol{m}\|^2 \tag{6-4}$$

式中，η 为归一化因子；ϕ_i 为设备 i 的预处理值。

6.2.1.3　问题公式化

为了满足 MSE 要求，文献 [23] 提出了选择的 UE 数量 $|S|$ 最大化问题：

$$\max_{w_i, S, \boldsymbol{m}, \boldsymbol{\Theta}} |S| \tag{6-5a}$$

$$\text{s. t.} \quad \text{MSE}(\hat{g}, g) \leq \lambda \tag{6-5b}$$

$$|\boldsymbol{\Theta}_{n,n}| = 1 \tag{6-5c}$$

式中，w_i、$\boldsymbol{m}$ 和 $\boldsymbol{\Theta}$ 为优化变量。

上述优化问题中，$\lambda > 0$ 是 MSE 需求。约束（6-5b）代表选择的 UE 的 MSE 上限，约束（6-5c）代表 RIS 相移矩阵约束。

当 $\boldsymbol{m}$ 和 $\boldsymbol{\Theta}$ 确定时，可以得到最优发射机系数 w_i 为：

$$w_i = \sqrt{\eta} \phi_i \frac{(\boldsymbol{m}^H \boldsymbol{G} \boldsymbol{h}_i^r)^H}{\| \boldsymbol{m}^H \boldsymbol{G} \boldsymbol{h}_i^r \|^2} \tag{6-6}$$

w_i^2 有一个功率上限，即最大功率 $P_0 \geq |w_i|^2$。为简单起见，$\phi_i = 1$，则 MSE 可以表示为：

$$\text{MSE}(\hat{g}, g) = \frac{\sigma^2}{P_0} \max_{i \in S} \frac{\| \boldsymbol{m}^2 \|}{| \boldsymbol{m}^H \boldsymbol{G} \boldsymbol{\Theta} \boldsymbol{h}_i^r |^2} \leq \lambda \tag{6-7}$$

基于上式，约束（6-5b）可以进一步表示为约束（6-8b）、约束（6-8c）和约束（6-8e），因此，约束（6-5）中的优化问题表示为：

$$\min_{S, \boldsymbol{m}, \boldsymbol{\Theta}} \| S \|_1 \tag{6-8a}$$

$$\text{s. t.} \quad \| \boldsymbol{m} \|^2 - \frac{\lambda P_0}{\sigma^2} | \boldsymbol{m}^H \boldsymbol{G} \boldsymbol{\Theta} \boldsymbol{h}_i^r |^2 \leq 0 \tag{6-8b}$$

$$\| \boldsymbol{m} \|^2 \geq 1 \tag{6-8c}$$

$$|\boldsymbol{\Theta}_{n,n}| = 1 \tag{6-8d}$$

$$i \in S \tag{6-8e}$$

然而，由于非凸二次约束和目标函数的稀疏性，优化问题（6-8）非常难以求解。为了克服这一问题，下节介绍了文献［23］中提出的两步 DC 算法。

6.2.2　基于凸差算法的基站聚合向量与 RIS 相移系数联合优化

在本节中，介绍文献［23］中提出的一种新的 UE 选择算法来解决问题（6-8）。具体来说，通过提出的两步 DC 算法，联合优化了 BS 上的聚合向量 $\boldsymbol{m}$ 和 RIS 相移矩阵 $\boldsymbol{\Theta}$。

6.2.2.1　UE 选择策略

在 FL 广播阶段，UE 集选择的核心思想是基于每个 UE 的 SINR。假设 UE 处于动态运动中，UE 的信道状态随通信轮数 t 而发生变化。每个通信轮中每个 UE 的 SINR 可以通过式（6-3）获得，再根据 SINR 的数值大小对终端 UE 进行排序，即 $\pi(1), \pi(2), \cdots, \pi(k), \cdots, \pi(K)$，其中，$\pi(k)$ 表示按 SINR 降序排列的

UE。所选的用户集 $S^{[k]} = \{\pi(1), \pi(2), \cdots, \pi(k)\}$，式中，上标 k 为用户集的数量。

UE 被依次附加到集合中。可以解决以下优化问题来判断 UE 集 $S^{[k]}$ 是否满足最小 $\text{MSE}^{[5]}$：

$$\min_{m,\Theta} \|\boldsymbol{m}\|^2 \tag{6-9a}$$

$$\text{s. t. } \|\boldsymbol{m}^H \boldsymbol{G} \boldsymbol{\Theta} \boldsymbol{h}_i^r\|^2 \geq 1 \tag{6-9b}$$

$$|\boldsymbol{\Theta}_{n,n}| = 1 \tag{6-9c}$$

$$\forall i \in S^{[k]}, n = 1, 2, \cdots, N \tag{6-9d}$$

求解并判断最优值是否满足最小 MSE 要求 λ，如果满足该要求，那么将继续附加 UE。

6.2.2.2　交替 DC 算法优化

可以看出，由于耦合的双二次优化约束，问题（6-9）仍然是非凸的。为了解决这个问题，需要应用一个替代框架来优化它。

1. 确定聚合向量

首先，假设 RIS 相移矩阵 $\boldsymbol{\Theta}$ 是固定的，因此 UE i 和 BS 之间的信道将是固定的，即复合信道 $\boldsymbol{h}_i = \boldsymbol{G}\boldsymbol{\Theta}\boldsymbol{h}_i^r$。利用矩阵提升技术，可以得到 $\boldsymbol{M} = \boldsymbol{m}\boldsymbol{m}^H$，$\boldsymbol{H}_i = \boldsymbol{h}_i \boldsymbol{h}_i^H$，这个问题可以写成一个低秩优化问题：

$$\min_{M} \text{tr}(\boldsymbol{M}) \tag{6-10a}$$

$$\text{s. t. } \text{tr}(\boldsymbol{M}\boldsymbol{H}_i) \geq 1, \forall i \in S^{[k]} \tag{6-10b}$$

$$\boldsymbol{M} \geq 0, \text{Rank}(\boldsymbol{M}) = 1 \tag{6-10c}$$

然而，它仍然存在一个一级约束，因此考虑利用 DC 算法来解决非凸低秩约束。$\boldsymbol{M}$ 是一个半正定矩阵，$\text{tr}(\boldsymbol{M}) = \sum_{i=1}^{N} a_i > 0$，$a_i$ 是矩阵 $\boldsymbol{M}$ 的第 i 个奇异值。当矩阵的秩为 1 时，谱范数与迹的关系如下：

$$\text{Rank}(\boldsymbol{M}) = 1 \Leftrightarrow \text{tr}(\boldsymbol{M}) - \|\boldsymbol{M}\|_2 = 0 \tag{6-11}$$

然后引入 DC 惩罚因子来导一个一级解。问题对应的 DC 优化公式成为：

$$\min_{M} \text{tr}(\boldsymbol{M}) + \rho(\text{tr}(\boldsymbol{M}) - \|\boldsymbol{M}\|_2) \tag{6-12a}$$

$$\text{s. t. } \text{tr}(\boldsymbol{M}\boldsymbol{H}_i) \geq 1, \forall i \in S^{[k]} \tag{6-12b}$$

$$\boldsymbol{M} \geq 0 \tag{6-12c}$$

式中，ρ 为 DC 惩罚参数，$\rho > 0$。当且仅当罚项 ρ 为零时，矩阵 $\boldsymbol{M}$ 的秩为 1。此时，优化问题仍然是非凸的，可以连续地线性化非凸部分来实现 DC 算法。因此，问题（6-10）的目标函数可以表示为 $g_1 - g_2$，其中，$g_1 = (1+\rho)\text{tr}(\boldsymbol{M})$、$g_2 = \rho\|\boldsymbol{M}\|_2$。优化问题可以通过迭代优化变量 $\boldsymbol{M}^{[t]}$ 来解决：

$$\min_{\boldsymbol{M}} g_1 - \langle \partial_{\boldsymbol{M}^{[t-1]}} g_2, \boldsymbol{M} \rangle \tag{6-13a}$$

$$\text{s. t. } \text{tr}(\boldsymbol{M}\boldsymbol{H}_i) \geqslant 1, \forall i \in S^{[k]} \tag{6-13b}$$

$$\boldsymbol{M} \geqslant 0 \tag{6-13c}$$

式中，$\langle \boldsymbol{X}, \boldsymbol{Y} \rangle$ 为两个矩阵的内积；$\partial_{\boldsymbol{M}^{[t-1]}} g_2$ 为 $t-1$ 迭代轮函数 g_2 相对于 $\boldsymbol{M}$ 的次梯度。此外，通过与最大特征值对应的特征向量，可以得到 $\partial_{\boldsymbol{M}} g_2 = \rho \partial \|\boldsymbol{M}\|_2 = \rho \boldsymbol{u}_1 \boldsymbol{u}_1^H$ 的解。上述次优化问题是凸的，最优值可以用 CVX 来求解。可以看出，DC 算法的求解过程总是从任何可行点收敛到算法的临界点。

2. 确定相移矩阵

这一步中假设聚合向量 $\boldsymbol{m}$ 是固定的，然后确定相移矩阵 $\boldsymbol{\Theta}$。该优化问题可以简化为相移矩阵 $\boldsymbol{\Theta}$ 的可行性测试问题：通过表示 $\boldsymbol{u} = [\,\mathrm{e}^{\mathrm{j}\theta_1}, \mathrm{e}^{\mathrm{j}\theta_2}, \cdots, \mathrm{e}^{\mathrm{j}\theta_N}\,]^{\mathrm{T}}$ 和 $\boldsymbol{v}_i = \boldsymbol{m}^H - \boldsymbol{G}\mathrm{diag}(\boldsymbol{h}_i')$，定义了矩阵 $\boldsymbol{U} = \boldsymbol{u}\boldsymbol{u}^H$ 和 $\boldsymbol{V}_i = \boldsymbol{v}_i \boldsymbol{v}_i^H$。进一步诱导低秩矩阵来描述优化问题：

$$\text{find } \boldsymbol{U} \tag{6-14a}$$

$$\text{s. t. } \text{tr}(\boldsymbol{V}_i \boldsymbol{U}) \geqslant 1 \tag{6-14b}$$

$$|\boldsymbol{U}_{n,n}| = 1, \forall n \in \{1, 2, \cdots, N\} \tag{6-14c}$$

$$\boldsymbol{U} \geqslant 0, \text{Rank}(\boldsymbol{U}) = 1 \tag{6-14d}$$

同样，为了消除秩 1 约束，引入了 DC 算法来解决它，即 $\text{Rank}(\boldsymbol{U}) = 1$ 同时 $\text{tr}(\boldsymbol{U}) - \|\boldsymbol{U}\|_2 = 0$，因此，优化问题可以表示为：

$$\min_{\boldsymbol{U}} \text{tr}(\boldsymbol{U}) - \|\boldsymbol{U}\|_2 \tag{6-15a}$$

$$\text{s. t. } \text{tr}(\boldsymbol{V}_i \boldsymbol{U}) \geqslant 1 \tag{6-15b}$$

$$|\boldsymbol{U}_{n,n}| = 1, \forall n \in \{1, 2, \cdots, N\} \tag{6-15c}$$

$$\boldsymbol{U} \geqslant 0 \tag{6-15d}$$

通过表示 $h_1 = \text{tr}(\boldsymbol{U})$ 和 $h_2 = \|\boldsymbol{U}\|_2$，优化问题（6-15）的目标函数可以表示为 $h_1 - h_2$。该优化问题可以通过迭代变量 $\boldsymbol{U}^{[t]}$ 来求解：

$$\min_{\boldsymbol{U}} h_1 - \langle \partial_{\boldsymbol{U}^{[t-1]}} h_2, \boldsymbol{U} \rangle \tag{6-16a}$$

$$\text{s. t. } \text{tr}(\boldsymbol{V}_i \boldsymbol{U}) \geqslant 1, \forall i \in S^{[k]} \tag{6-16b}$$

$$|\boldsymbol{U}_{n,n}| = 1, \forall n \in \{1, 2, \cdots, N\} \tag{6-16c}$$

$$\boldsymbol{U} \geqslant 0 \tag{6-16d}$$

式中，解由 $\partial_{\boldsymbol{U}} h_2 = \partial \|\boldsymbol{U}\|_2 = \boldsymbol{u}_1 \boldsymbol{u}_1^H$ 定义，且 $\boldsymbol{u}$ 是与最大的特征值对应的特征向量。通过使用 CVX，可以有效地处理这个子问题。

综上所述，在算法 6-1 中总结了求解备用和耦合双二次优化问题（6-8）的两步 DC 算法优化方法。

算法 6 - 1　FL 中 UE 选择策略两步 DC 算法

输入：RIS 初始相位 $\boldsymbol{\Theta}^{[0]}$，初始 UE 集 $S^{[0]}$，内环阈值 $\lambda > 0$，外环阈值 ϵ，排序终端 UE $\pi(1), \pi(2), \cdots, \pi(K)$

输出：选择的 UE 集 $S^{[k]}$

for $i = 1, 2, \cdots, K$ **do**

　　初始化 $\boldsymbol{\Theta}^{[1]}$；

　　for $t = 1, 2, \cdots$ **do**

　　　　给定 $\boldsymbol{\Theta}^{[t]}$，解决优化问题（6 - 13），得到 $m^{[t]}$；

　　　　给定 $m^{[t]}$，解决优化问题（6 - 16），得到 $\boldsymbol{\Theta}^{[t+1]}$；

　　　　if MSE 最优值 $< \lambda$ 或问题（6 - 9）变得不可行

　　　　then break；

　　end for

　　if MSE 最优值 $> \epsilon$

　　then break；

　　$S^{[i+1]} = S^{[i]}$ 附加 $\pi(i+1)$；

end for

6.2.3　仿真结果与分析

6.2.3.1　仿真设置

考虑一个三维坐标系。BS 的天线置于均匀线性阵列中，RIS 的反射单元置于均匀矩形阵列中。BS 坐标位于（0，0，10），RIS 设置在（40，30，10）。而边缘 UE 和干扰分别分布在（[0，10]、[60，70]、0）和（[-10，10]、[-10，10]、100）的区域。边缘终端的位置随时间变化，干扰设备是固定的。路径可以表示为：

$$L(r) = C(r/r_0)^{-\alpha} \tag{6-17}$$

式中，C 为单位距离 $r_0 = 1$ m 内的路径损失；r 为直接连接距离；α 为路径损失指数。BS - RIS 链路、RIS - UE 链路和 BS 干扰链路的通向损耗指数分别设置为 2.3、2.8 和 3.5。在仿真中考虑了瑞利衰落。信道系数为 $\boldsymbol{G} = \sqrt{L(r)}\boldsymbol{\Gamma}$，$\boldsymbol{h}_k^r = \sqrt{L(r_k^r)}\boldsymbol{\zeta}^r$ 和 $\boldsymbol{h}_k^d = \sqrt{L(r_k^d)}\boldsymbol{\zeta}^d$，其中，$\boldsymbol{\zeta}^d$、$\boldsymbol{\zeta}^r$、$\boldsymbol{\Gamma} \sim \mathcal{CN}(0, \boldsymbol{I})$。这里 r、r_k^r 和 r_k^d 分别表示 BS 和 RIS 之间的距离、第 k 个 UE 和 RIS 之间的距离、BS 和干扰设备之间的距离。其他参数设置如下：$C = -30$ dB、$P_0 = 30$ dBm、$K = 20$ 或 40、$M = 20$、$N = 64$ 和 $\sigma^2 = -90$ dBm。

6.2.3.2 仿真结果与分析

为了展示6.2.2节介绍的两步 DC 算法在 RIS 辅助的 FL 系统中选择 UE 的出色性能，文献 [23] 选择 MINST 数据集在卷积神经网络中进行训练。在不失一般性的情况下，每10轮通信改变一次 UE 的位置，同时执行 UE 选择算法。假设在每次通信中都选择了所有的 UE，且没有任何错误作为基准，并认为局部数据集是非独立同分布的。

训练过程中的全局损失和测试精度分别如图 6 – 2 和图 6 – 3 所示。结果表明，6.2.2节介绍的基于两步 DC 的 UE 选择算法与随机选择算法相比，达到了更低的训练损失和更高的测试精度。此外，随着训练轮的增加，两步 DC 算法比比较方案更稳定；随着 UE 数 K 的增加，两步 DC 算法获得了更多的性能提高。

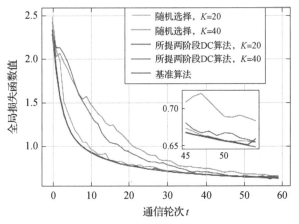

图 6 – 2　全局损失（附彩插）

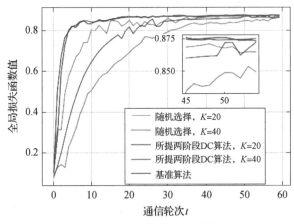

图 6 – 3　测试精度（附彩插）

可以看出，在执行两步 DC 算法后，RIS 辅助的 NLoS 路径 FL 系统对给定的数据集具有更好的收敛性。该算法能够适应信道的多边性，根据信道信息选择设备，从而以较少的通信轮数实现较低的损耗和较高的预测精度。

本节接下来对优化问题的最终优化目标——所选设备集合大小 $|S|$ 进行对照仿真分析。假设 UE 数量 K 固定且为 20 个。分别控制变量，研究被选择的 UE 数量随 MSE 阈值（−10 dB/−5 dB/0 dB/5 dB/10 dB/15 dB/20 dB）、RIS 反射单元数量（25/36/49/64/81）和 BS 搭载天线数量（4/8/12/16/20/24）的变化曲线。为防止偶然误差的影响，图 6 − 4 中的数据均为执行完五次算法之后得到的所选 UE 数量的平均值。采用的两个对照算法如下所示。

（1）RS 方案[24]：采用随机选择的设备调度方案，即在每轮通信中，BS 随机选择一组与之相关联的 UE 进行模型参数更新。

（2）基于 SDR 的算法[25]：采用 SDR 求解优化问题，其中，SDR 为求解非凸优化问题的经典算法。

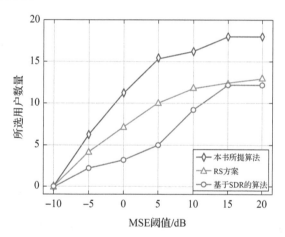

图 6 − 4　不同算法下所选用户数量随 MSE 阈值变化折线图

图 6 − 4 描述了 UE 数量 $K = 20$ 时平均所选设备集合数量随允许全局模型聚合误差 MSE 约束的最大值 λ 的变化折线图。此时，BS 搭载的天线数量 M 为 12，RIS 反射单元数量 N 为 64。从图中可以看出，随着 MSE 允许的最大误差 λ 的增加，所选设备集合大小会逐渐增加。在 $\lambda = -10$ dB 时，全局模型聚合误差阈值过小，无法保证全局模型的训练，所有三个算法参与训练用户数均为 0。在同一 MSE 阈值约束下，本章所提基于信道状态的 ADCA 算法与基于 SDR 的算法相比，可以允许更多的用户参与联邦学习模型的训练，实现更快的收敛速率。随着 λ 的增加，RS 方案与基于 SDR 的算法达到的收敛值分别为 13 个和 12 个左右，本书所提算法的收敛值可以达到 18 个 UE 左右，这意味着可以实现更高的联邦学习收

敛速率，实现更高的收敛性。

图 6-5 描述了 UE 数量 $K = 20$ 时平均所选 UE 数量随 RIS 反射单元数量变化的折线图。此时，BS 搭载的天线数量 M 为 12，MSE 阈值 λ 设定为 10 dB。从图中可以看出，在较少的反射单元数目时，所有方案选择的 UE 数量相差不大，但随着 RIS 反射单元数量增加，参与训练的 UE 会逐渐增加，这证明了 RIS 可以创造虚拟视距链路进行通信，提高联邦学习收敛性。同时，部署具有更多的反射单元的 RIS 可以实现更快的联邦学习收敛速率。在固定 RIS 反射单元数量时，与 RS 方案和基于 SDR 的算法两种对照方案相比，所提的基于信道状态的 ADCA 算法可以允许更多 UE 参与到联邦学习模型训练，从而实现较高收敛性，证明所提算法可以在通信和学习两个方面对联邦学习进行优化，实现全局模型的高效训练与聚合。

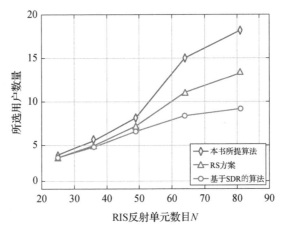

图 6-5 不同算法下所选用户数量随 RIS 反射单元数目变化图

图 6-6 描述了 UE 数量 $K = 20$ 时平均所选 UE 数量随 BS 搭载天线数量的变化折线图。在此场景下，RIS 反射单元数量 N 为 64，MSE 阈值 λ 设定为 10 dB。从图中可以看出，随着 BS 天线数量的增加，三种方法下所选用户数量均呈递增趋势。当 BS 天线数目较低时，与其他两种方案相比，采用基于 SDR 的算法可以允许更多设备参与到联邦学习全局模型训练。但随着天线数目的增加，这种优势不复存在，基于信道状态的 ADCA 算法和 RS 方案可以选择更多数量的用户参与到联邦学习模型训练。并且，所提基于信道状态的 ADCA 算法始终优于 RS 设备调度的对照方案。

经过本节的仿真可以看出，在 RIS 辅助联邦学习通信计算一体化系统中，本章提出的基于信道状态的 ADCA 算法能以更少的通信轮次实现更低的全局损失和更高的测试精度，实现更多的设备参与全局模型训练。与其他算法对照可以看

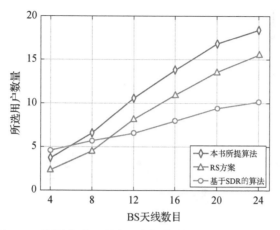

图 6-6　不同算法下所选用户数量随 BS 天线数目变化图

出，在具有不同的 MSE 阈值 λ、RIS 反射单元数目 N 和 BS 天线数目 M 时，基于信道状态的 ADCA 算法均可以允许更多设备参与到联邦学习通信计算一体化的模型训练过程中，实现更高的收敛性。

6.3　智能反射面辅助分层联邦学习通信计算一体化网络

6.3.1　引言

在第 6.2 节中，基于 RIS 对单小区内联邦学习通信计算一体化网络进行了研究，以最大化学习的收敛速率。本章将研究内容放在多个小区分层联邦学习的大规模场景下，采用空中计算来实现通信计算一体化，并部署 RIS 实现模型的快速聚合，以解决分层联邦学习系统中通信开销大的问题，达到降低通信开销的同时，提高联邦学习收敛性的效果。本章对分层联邦学习通信计算一体化系统的性能进行分析，并提出最小化通信开销的优化问题。为求解次优化问题，通过联合设计学习与通信参数，提出了 OU_SCA 算法，该算法基于模型更新范数进行设备调度，并基于连续凸逼近优化求解，从而达到降低系统通信开销的目的。

6.3.2　系统模型

在本章中，考虑一个多小区场景下 RIS 辅助分层联邦学习通信计算一体化的场景。如图 6-7 所示，存在一个 MBS 和若干由 SBS 服务的小区，在每个小区内部署一个 RIS 用于增强信号覆盖和辅助空中计算模型聚合。下面三个小节将分别对通信模型、分层联邦学习模型、空中计算模型进行介绍。

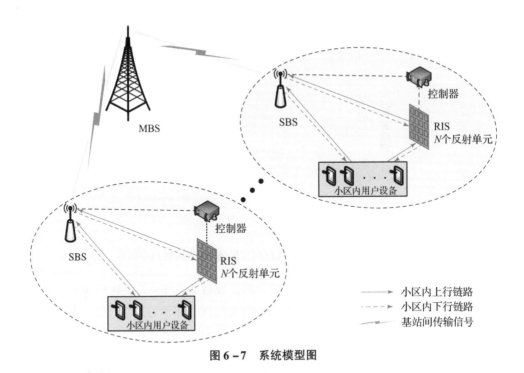

图 6-7 系统模型图

6.3.2.1 通信模型

如图 6-7 所示，本章考虑了一个多小区蜂窝网络，它由一个装有 M_0 个天线的 MBS 和 I 个小型蜂窝网络组成。在每一个小型蜂窝网络中都部署着一个有 N 个反射单元的 RIS，用来辅助小区内 UE 和 SBS 之间的通信，并可以通过配置其反射系数矩阵来解决存在异构客户端时 UE 的掉队问题[26]。每个小区内 UE 只装有一个天线，每个 SBS 有 M 个天线。用 K_i 表示第 i 个小区内的 UE 数量，其中 $i \in \{1,2,\cdots,I\}$。在联邦学习通信计算一体化系统中，模型参数上传主要是靠上行通信链路完成的，因此，在本章接下来的分析中，主要对上行链路进行分析。在第 i 个小区内，RIS-SBS、第 k 个 UE-RIS、第 k 个 UE-SBS 之间的信道系数矩阵分别用 $\boldsymbol{H}^i$、$\boldsymbol{h}^i_{r,k}$、$\boldsymbol{h}^i_{d,k}$ 来表示。在各个蜂窝网络之间，用 $\boldsymbol{G}^i$ 来表示第 i 个 SBS-MBS 之间的信道系数矩阵。RIS 的相移矩阵用 $\boldsymbol{\theta}^i$ 来表示，并假设在模型聚合过程中，RIS 相移矩阵是不变的。假设 RIS 反射系数的幅度值大小恒为 1，并设置相移为连续相移，即满足 $|\boldsymbol{\theta}^i_n| = 1$，$n = 1$，$2$，$\cdots$，$N$。为了方便，第 i 个子蜂窝内的有效信道系数矩阵 $\boldsymbol{h}^i_k$ 可以表示为直连链路信道和经过 RIS 反射的非视距链路级联信道相加的结果，定义为：

$$\boldsymbol{h}^i_k = \boldsymbol{h}^i_{d,k} + \boldsymbol{H}^i \mathrm{diag}(\boldsymbol{\theta}^i)\boldsymbol{h}^i_{r,k} = \boldsymbol{h}^i_{d,k} + \boldsymbol{G}^i_k \boldsymbol{\theta}^i \qquad (6-18)$$

式中，$\boldsymbol{G}^i_k$ 为 i 小区内的第 k 个级联信道系数矩阵，可以表示为 $\boldsymbol{G}^i_k \triangleq \boldsymbol{H}_i \mathrm{diag}(\boldsymbol{h}_{r,k})$。

设 x_k^i 为第 i 小区内 UE k 需要上行发送的模型信号。经过直连信道与 UE–RIS–SBS 级联信道的叠加，第 i 小区内的 SBS 接收到的信号 y^i 可以用下式来表示：

$$y^i = \sum_{k \in K_i} h_k^i x_k^i + n^i \tag{6-19}$$

式中，$n^i \in \mathbb{C}^M$ 为加性高斯白噪声，服从复高斯分布，即 $n^i \sim \mathcal{CN}(0, \sigma_m^2)$。

设 y^i 为第 i 小区内 SBS 需要上行发送的模型信号，经过无线信道，MBS 处接收到的信号 y_0 为：

$$y_0 = \sum_{i \in I} G^i y^i + n \tag{6-20}$$

式中，$n \in \mathbb{C}^{M_0}$ 为加性高斯白噪声。

6.3.2.2　分层联邦学习模型

在存在多个蜂窝网络的通信场景下，传统的联邦学习模型已不再适用。分层联邦学习采用"中心服务器—边缘服务器—客户端"的通信结构，可以提高该场景下通信效率和模型训练的准确性，因此，本章考虑一个如图 6-8 所示的分层联邦学习模型，分层联邦学习的目标是最小化经验损失函数：

$$\min_w F(w) \triangleq \left\{ \frac{1}{\bar{D}} \sum \sum f(w; X, Y) \right\} \tag{6-21}$$

式中，w 为模型参数向量；$\bar{D}$ 为全部参与 UE 的数据集的大小之和；$f(w; X, Y)$ 为训练样本 (X, Y) 的损失函数。

在执行分层联邦学习的过程中，边缘 UE 更新其本地模型，SBS 基于本地模型执行本地模型聚合，MBS 再进一步聚合为全局模型并广播下发。具体地，如图 6-8 所示，在第 t 轮次的通信中，BS 和各个 UE 执行以下联邦学习过程：

（1）每个 UE 根据其本地数据集计算本地梯度，得到本地模型参数。

（2）在每个小区内，UE 通过上行无线信道，将本地模型参数上传至 SBS，SBS 根据接收到的信号执行本地模型聚合，得到经过 SBS 聚合后的模型。

（3）SBS 将聚合后的模型下发至所服务小区范围内的 UE，进行新一轮的通信。

（4）若此时通信轮次为预先确定好通信轮次的整数倍，则不会执行步骤（3），SBS 会将聚合后的模型通过无线信道发送到 MBS 处的中心服务器，并在中心服务器执行全局模型聚合，得到新的全局模型，并重新下发给各 SBS。

在上述分层联邦学习过程中，在 SBS 和 MBS 中的模型聚合过程中，采用 FedAvg 算法进行聚合，并通过下式计算模型更新量：

$$w^{[t]} \leftarrow \frac{1}{\sum_k |D_k|} \sum_k |D_k| w_k^{[t]} \tag{6-22}$$

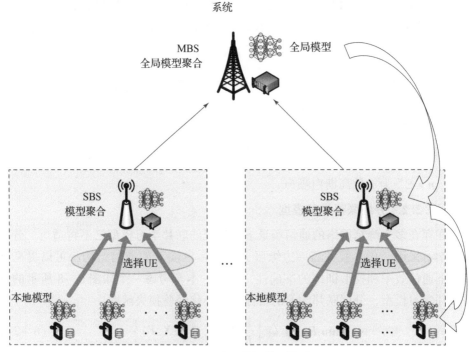

图 6-8　分层联邦学习模型

式中，$|D_k|$ 为训练数据集的大小。

6.3.2.3　空中计算模型

为了实现快速聚合来自不同用户的本地模型，并且改善全局模型，采用空中计算来实现分层联邦学习系统中模型的聚合，以此实现分层联邦学习的通信计算一体化。本节首先对单个小区内的空中计算模型进行分析。

在第 t 轮次通信过程中，UE 使用相同的时频资源上传其本地模型。为了方便，本节只考虑单个蜂窝网络下的情况，其他蜂窝网络场景下可由此推导出来，因此省略上标 i。

在第 k 个 UE 得到本地模型参数并准备将其通过上行通信链路上传至 SBS 时，其发射序列 x_k 由下式给出：

$$x_k = p_k \frac{s_k - \overline{s}_k}{v_k} \tag{6-23}$$

式中，s_k 为本地模型更新量。$p_k < P_0$ 为传输均衡因子，其作用是克服信道衰落，并确保到达信号达到所需的权重值。式（6-23）的分数部分 $(s_k - \overline{s}_k)/v_k$ 表示将 s_k 标准化的过程，s_k 的均值和方差分别为 $\overline{s}_k$、v_k，通过对 s_k 执行标准化操作

来确保发射序列的均值为 0，方差为 1，即满足：

$$\mathbb{E}\left[\frac{s_k - \bar{s}_k}{v_k}\right] = 0, \quad \mathbb{E}\left[\left(\frac{s_k - \bar{s}_k}{v_k}\right)^2\right] = 1 \qquad (6-24)$$

将式（6-23）代入式（6-19）可以得出 SBS 处接收到的信号为：

$$y = \sum_{k \in K_i} \boldsymbol{h}_k p_k \frac{s_k - \bar{s}_k}{v_k} + \boldsymbol{n} \qquad (6-25)$$

之后，SBS 会将接收到的模型信号进行聚合，此时，聚合的目标函数可以表示为：

$$g = \sum_{k \in K_i} \bar{D}_k s_k \qquad (6-26)$$

SBS 通过归一化波束聚合向量 $\boldsymbol{f}$ 来估计式（6-26），聚合的估计函数可以表示为：

$$\hat{g} = \frac{1}{\sqrt{\eta}} \boldsymbol{f}^H y + \bar{s} \qquad (6-27)$$

式中，$\eta > 0$ 为归一化标量。

在式（6-27）中，聚合的估计函数 $\hat{g}$ 通过 SBS 的波束聚合向量 $\boldsymbol{f}$ 来估计目标函数 g，结合式（6-22），在 SBS 处模型的更新过程由下式给出：

$$\boldsymbol{w}_{t+1} = \boldsymbol{w}_t - \frac{\alpha}{\sum_{k \in K_i} \bar{D}_k} \hat{g} \qquad (6-28)$$

式中，α 为学习率。

类似地，在 SBS 将聚合后的模型通过无线信道发送到 MBS 处的中心服务器过程中，发射序列 y^i 可以表示为传输均衡因子 p^i 和标准化后的模型之积，由下式给出：

$$y^i = p^i \frac{\boldsymbol{w}^i - \bar{\boldsymbol{w}}^i}{v^i} \qquad (6-29)$$

结合式（6-20），MBS 通过归一化波束聚合向量 $\boldsymbol{f}$ 来对全局模型的聚合函数进行估计：

$$\hat{g}_0 = \frac{1}{\sqrt{\eta}} \boldsymbol{f}^H y_0 + \bar{s} \qquad (6-30)$$

类似地，形如式（6-28）空中计算下 MBS 更新全局模型的过程可以由推导得出：

$$\boldsymbol{w}_{t+1} = \boldsymbol{w}_t - \frac{\alpha}{\sum_{k \in I} \bar{D}_k} \hat{g}_0 \qquad (6-31)$$

6.3.3　分层联邦学习的性能分析与问题建模

本节介绍空中计算下分层联邦学习的性能分析。在 6.3.1 节中，首先列出了一些假设；然后根据这些假设分析推导出由于设备调度和通信噪声引起的开销；最后在 6.3.2 节中提出了一个通信开销最小化的优化问题。

6.3.3.1　通信开销与设备调度开销分析

本节主要对分层联邦学习通信计算一体化网络中单个小区内 UE – SBS 上行通信链路中的通信开销与设备调度开销进行分析，由于空中计算在其余场景下具有类似的形势，其余小区和 SBS – MBS 的上行通信链路均可通过类似推导得出。6.3.2 节中提到，空中计算全局模型的更新过程由式（6 – 28）给出，则可以推导出式（6 – 31）的递归更新形式：

$$w_{t+1} = w_t - \frac{\alpha}{\sum_{k \in K_i} \bar{D}_k} \hat{g}_t = w_t - \alpha(\nabla F(w_t) - e_t) \tag{6 – 32}$$

式中，$\nabla F(w_t)$ 是式（6 – 21）中损失函数 $F(\cdot)$ 在 $w = w_t$ 处的梯度；e_t 为由于设备调度和通信（信道衰落、噪声等原因）造成的梯度误差向量，具体可由下式给出：

$$e_t = \underbrace{\nabla F(w_t) - \frac{g_t}{\sum_{k \in \mathcal{K}} \bar{D}_k}}_{e_{1,t}} + \underbrace{\frac{g_t}{\sum_{k \in \mathcal{K}} \bar{D}_k} - \frac{\hat{g}_t}{\sum_{k \in \mathcal{K}} \bar{D}_k}}_{e_{2,t}} \tag{6 – 33}$$

式中，$\mathcal{K}$ 为设备调度策略，表示选择 UE 的集合；$\bar{D}_k$ 为被调度的参与训练的 UE 数据集大小。在式（6 – 33）中，前两项是由设备调度引起的误差，后两项是由衰落和通信噪声引起的通信误差，在此分别用 $e_{1,t}$ 和 $e_{2,t}$ 来表示。可以得出，当选择全部的 UE 参与联邦学习训练时，设备调度误差为 0，即 $e_{1,t} = 0$，反之，则不为 0。

为了方便后面的推导，本章对损失函数 $F(\cdot)$ 提出以下四个假设，均为随机优化文献中的标准假设[27]。

（1）F 对参数 μ 具有强凸性，即下式成立：

$$F(w) \geq F(w') + (w - w')^{\mathrm{T}} \nabla F(w') + \frac{\mu}{2} \|w - w'\|_2^2 \tag{6 – 34}$$

（2）梯度 $\nabla F(\cdot)$ 关于参数 ω 利普希茨连续，即下式成立：

$$\|\nabla F(w) - \nabla F(w')\|_2 \leq \omega \|w - w'\|_2^2 \tag{6 – 35}$$

（3）F 是二阶连续可微的。

（4）任意训练样本的梯度 $\nabla f(\cdot)$ 的上界在 $\{w_t : \forall 1 \leq t \leq T\}$，即下式成立：

$$\| \nabla f(\boldsymbol{w}_t ; X, Y) \|_2^2 \leqslant \alpha_1 + \alpha_2 \| \nabla F(\boldsymbol{w}_t) \|_2^2 \tag{6-36}$$

式中，$\alpha_1 > 0$，$\alpha_2 > 0$ 为常数。

在给出上面四个假设后，可以推导出损失函数 $F(\boldsymbol{w}_{t+1})$ 的上界[27]。假设经验损失函数 $F(\cdot)$ 满足上述四个假设，当学习率 $\alpha = 1/\omega$ 时，ω 由式（6-35）给出，在每个训练轮次，下式成立：

$$\mathbb{E}[F(\boldsymbol{w}_{t+1})] \leqslant \mathbb{E}[F(\boldsymbol{w}_t)] - \frac{1}{2\omega} \| \nabla F(\boldsymbol{w}_t) \|_2^2 + \frac{1}{2\omega} \mathbb{E}[\| e_t \|_2^2] \tag{6-37}$$

式中，e_t 由式（6-33）给出，在推导出式（6-37）与四个假设之后，可对分层联邦学习的性能进行分析。首先通过式（6-37）和式（6-33）得到：

$$\mathbb{E}[F(\boldsymbol{w}_{t+1})] \leqslant \mathbb{E}[F(\boldsymbol{w}_t)] - \frac{1}{2\omega} \| \nabla F(\boldsymbol{w}_t) \|_2^2 + \frac{1}{2\omega} \mathbb{E}[\| e_{1,t} + e_{2,t} \|_2^2]$$

$$\overset{(a)}{\leqslant} \mathbb{E}[F(\boldsymbol{w}_t)] - \frac{1}{2\omega} \| \nabla F(\boldsymbol{w}_t) \|_2^2 + \frac{1}{2\omega} \mathbb{E}[(\| e_{1,t} \|_2 + \| e_{2,t} \|_2)^2]$$

$$\overset{(b)}{\leqslant} \mathbb{E}[F(\boldsymbol{w}_t)] - \frac{1}{2\omega} \| \nabla F(\boldsymbol{w}_t) \|_2^2 + \frac{1}{\omega} (\| e_{1,t} \|_2^2 + \mathbb{E}[\| e_{2,t} \|_2^2])$$

$$\tag{6-38}$$

式中，（a）的推导应用了三角不等式，（b）的推导应用了几何平均数小于等于算术平均数的定理。由于 $e_{1,t}$ 为设备调度误差，与通信噪声无关，即在最后一步中，舍弃了设备调度误差的期望这一项。

为分析式（6-38）中的损失函数上界 $\mathbb{E}[F(\boldsymbol{w}_{t+1})]$，需要对其中两个关键项 $e_{1,t}$ 和 $e_{2,t}$ 进行分析。考虑到 $e_{1,t}$ 由设备调度策略 $\mathcal{K}$ 决定，而 $e_{2,t}$ 则由 $\mathcal{K}$ 和 $\{\boldsymbol{f}, \boldsymbol{\theta}, \eta, p_k\}$ 共同决定。在发射功率约束下，$\{\eta, p_k\}$ 可以由下式给出：

$$\eta = \min_{k \in \mathcal{K}} \frac{P_0}{\bar{D}_k^2 \nu_k^2} |\boldsymbol{f}^H \boldsymbol{h}_k^i|^2, \quad p_k = \frac{\bar{D}_k \sqrt{\eta} \nu_k (\boldsymbol{f}^H \boldsymbol{h}_k^i)^H}{|\boldsymbol{f}^H \boldsymbol{h}_k^i|^2} \tag{6-39}$$

在给出上式之后，通信噪声的期望 $\mathbb{E}[\| e_{2,t} \|_2^2]$ 可以由下式给出，L 为发射序列数量：

$$\mathbb{E}[\| e_{2,t} \|_2^2] = \frac{L\sigma_n^2}{P_0 \left(\sum_{k \in \mathcal{K}} \bar{D}_k \right)^2} \max_{k \in \mathcal{K}} \frac{\bar{D}_k^2 \nu_k^2}{|\boldsymbol{f}^H \boldsymbol{h}_k^i|^2} \tag{6-40}$$

由文献[28]可知，给定上述四个假设、$\alpha = 1/\omega$ 和式（6-39）、式（6-40），给定 $t = 0, 1, \cdots, T-1$ 和 $\{\mathcal{K}, \boldsymbol{f}, \boldsymbol{\theta}\}$，$F(\boldsymbol{w}_{t+1}) - F(\boldsymbol{w}^*)$ 的期望存在一个上界，即：

$$\mathbb{E}[F(\boldsymbol{w}_{t+1}) - F(\boldsymbol{w}^*)] \leqslant \frac{\alpha_1}{\omega} d(\mathcal{K}, \boldsymbol{f}, \boldsymbol{\theta}) \frac{1 - (\Psi(\mathcal{K}, \boldsymbol{f}, \boldsymbol{\theta}))^t}{1 - \Psi(\mathcal{K}, \boldsymbol{f}, \boldsymbol{\theta})} +$$

$$(\Psi(\mathcal{K}, \boldsymbol{f}, \boldsymbol{\theta}))^t (F(\boldsymbol{w}_0) - F(\boldsymbol{w}^*)) \tag{6-41}$$

式中，w_0 为训练开始前联邦学习的初始模型。函数 $d(\mathcal{K},\boldsymbol{f},\boldsymbol{\theta})$ 和 $\Psi(\mathcal{K},\boldsymbol{f},\boldsymbol{\theta})$ 表达式的定义如下：

$$d(\mathcal{K},\boldsymbol{f},\boldsymbol{\theta}) \triangleq \frac{4}{\bar{D}^2}\left(\bar{D}-\sum_{m \in \mathcal{K}}\bar{D}_k\right)^2 + \frac{\sigma_n^2}{P_0\left(\sum_{k \in \mathcal{K}}\bar{D}_k\right)^2}\max_{k \in \mathcal{K}}\frac{\bar{D}_k^2}{|\boldsymbol{f}^H \boldsymbol{h}_k(\boldsymbol{\theta})|^2}$$

$$(6-42)$$

$$\Psi(\mathcal{K},\boldsymbol{f},\boldsymbol{\theta}) \triangleq 1 - \frac{\mu}{\omega} + \frac{2\mu\alpha_2 d(\mathcal{K},\boldsymbol{f},\boldsymbol{\theta})}{\omega} \qquad (6-43)$$

式中，$\bar{D}$ 为当前蜂窝网络内全部 UE 训练数据集大小之和。

从式（6-41）中可以看出，$\mathbb{E}[F(w_{t+1})-F(w^*)]$ 的上界是由设备调度策略、波束聚合向量和 RIS 相移矩阵三个变量决定，即 $\{\mathcal{K},\boldsymbol{f},\boldsymbol{\theta}\}$。给定式（6-43），本节将对此式进行进一步推导。当满足 $d(\mathcal{K},\boldsymbol{f},\boldsymbol{\theta}) \leq 1/(2\alpha_2)$ 时，由式（6-42）可知 $\Psi(\mathcal{K},\boldsymbol{f},\boldsymbol{\theta}) < 1$，即训练轮次趋于无穷时，存在 $\lim\limits_{T \to \infty}(\Psi(\mathcal{K},\boldsymbol{f},\boldsymbol{\theta}))^T = 0$，当训练轮次 $T \to \infty$ 时，下式成立：

$$\lim_{T \to \infty}\mathbb{E}[F(w_T)-F(w^*)] \leq \frac{\alpha_1 d(\mathcal{K},\boldsymbol{f},\boldsymbol{\theta})}{\omega-\mu+2\mu\alpha_2 d(\mathcal{K},\boldsymbol{f},\boldsymbol{\theta})} \qquad (6-44)$$

上式表明，在式（6-33）的迭代过程中，在保证有足够小的 $d(\mathcal{K},\boldsymbol{f},\boldsymbol{\theta})$ 时，才会收敛。但由于存在设备调度开销与通信开销，收敛损失函数 $\lim\limits_{T \to \infty}\mathbb{E}[F(w_T)]$ 与最优的损失函数 $\mathbb{E}[F(w^*)]$ 会存在误差，并且误差的上界是关于 $d(\mathcal{K},\boldsymbol{f},\boldsymbol{\theta})$ 的单调函数，如式（6-40）所示。此外，式（6-43）也是关于 $d(\mathcal{K},\boldsymbol{f},\boldsymbol{\theta})$ 的单调函数。根据本节的推导，式（6-41）中的 $d(\cdot)$ 表示设备调度开销与通信开销对收敛速度和学习性能的影响。$d(\cdot)$ 越小，收敛速度越快，$\lim\limits_{T \to \infty}\mathbb{E}[F(w_T)-F(w^*)]$ 的差值就会越小。因此，式（6-42）中的 $d(\mathcal{K},\boldsymbol{f},\boldsymbol{\theta})$ 可以作为分层联邦学习性能的度量，可以通过优化 $\{\mathcal{K},\boldsymbol{f},\boldsymbol{\theta}\}$ 变量组来达到优化联邦学习的目的。具体的优化问题将会在 6.3.3.2 节进行分析说明。

6.3.3.2 最小化通信开销的优化问题

为了便于问题描述，引入一个二元指标向量 $\boldsymbol{m}=[m_1,m_2,\cdots,m_{K_i}]$ 来描述 UE 的设备调度策略 $\mathcal{K}$。m_k 值为 1 代表标号为 k 的 UE 参与到分层联邦学习模型训练中，反之，m_k 值为 0 代表不参与模型训练。式（6-42）可以改写为 $F_1(\mathcal{K})+F_2(\mathcal{K},\boldsymbol{f},\boldsymbol{\theta})$ 形式，其中两式分别为：

$$F_1(\mathcal{K}) = \frac{4}{\bar{D}}\left[\sum_{k \in K_i}(1-m_k)\bar{D}_k\right]^2 \qquad (6-45)$$

$$F_2(\mathcal{K}, \boldsymbol{f}, \boldsymbol{\theta}) = \frac{\sigma^2}{P_0 \left(\sum_{k \in K_i} \boldsymbol{m}_k \bar{D}_k \right)^2} \max_{m_k = 1} \frac{\bar{D}_k^2}{\boldsymbol{f}^H \boldsymbol{h}_k(\boldsymbol{\theta})} \tag{6-46}$$

式中，F_1、F_2 分别为由设备调度和通信产生的开销。

本章的目标实现分层联邦学习通信计算一体化系统通信开销最小化的优化。为求解此优化问题，需要在每个小蜂窝网络中最小化通信开销，并且控制设备调度开销值，保证有较多的用户参与到模型训练。通过控制每个小型蜂窝网络的通信开销与设备调度开销，即可实现整个系统通信开销最小化。最终优化问题可以表述为在 $\{\mathcal{K}, \boldsymbol{f}, \boldsymbol{\theta}\}$ 的可行集上最小化通信开销 $F_2(\mathcal{K}, \boldsymbol{f}, \boldsymbol{\theta})$ 的优化问题，如下所示：

$$\begin{aligned}
&\min_{\boldsymbol{m}, \boldsymbol{f}, \boldsymbol{\theta}} F_2(\mathcal{K}, \boldsymbol{f}, \boldsymbol{\theta}) \\
&\mathrm{s.t.}\ F_1(\mathcal{K}) \leqslant \lambda, \\
&\quad \boldsymbol{m}_k \in \{0,1\}, k \in K_i, \\
&\quad \|\boldsymbol{f}\|_2^2 = 1, \\
&\quad \|\boldsymbol{\theta}_n\|^2 = 1, 0 \leqslant n \leqslant N
\end{aligned} \tag{6-47}$$

优化问题（6-47）是一个混合整数非凸优化问题，优化问题的优化目标是最小化通信开销，第一个约束条件为设备调度开销约束，以确保网络中有较多的用户参与到模型训练，第二个约束条件表示单个设备是否参与到模型训练，第三个约束条件表示波束聚合向量的模值约束，第四个约束条件为 RIS 相移矩阵的模值约束，且三个优化变量 $\{\mathcal{K}, \boldsymbol{f}, \boldsymbol{\theta}\}$ 均在其可行集上。

为了求解上述问题，本节将提出一种联合设计通信参数和设备调度方案的 OU_SCA 算法，具体将在 6.3.4 节提出优化设备调度策略的算法，在 6.3.5 节提出在给定设备调度策略 $\mathcal{K}$ 情况下优化 BS 波束聚合向量 $\boldsymbol{f}$ 和 RIS 相移矩阵 $\boldsymbol{\theta}$ 的算法。

6.3.4　基于更新范数的设备调度方案

经典的联邦学习通常随机选择 UE 进行设备调度，但是当小区服务范围内存在异构客户端时，即 UE 分布不均匀，存在不同的信道传输条件和训练数据集大小，客户端异构性会导致采用随机选择设备调度方案的联邦学习收敛性降低。为此，需要设计能适应客户端异构性的设备调度方案。

如图 6-9 所示，在每个小区内，位于 SBS 中的服务器选择一些 UE 下发更新后的模型，并附带一个阈值 τ_t。被选择的 UE 会进行联邦学习局部模型训练，并得到更新后的本地模型，之后 UE 会计算更新后的本地模型与接收到的模型之间差值，若此差值超过阈值 τ_t，则 UE 会将更新后的模型及范数全部发送至服务器，若没有超过，则只会将模型更新范数上传。

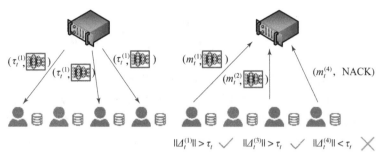

$$\|\Delta_t^{(1)}\| > \tau_t \quad \checkmark \quad \|\Delta_t^{(3)}\| > \tau_t \quad \checkmark \quad \|\Delta_t^{(4)}\| < \tau_t \quad \times$$

图 6 - 9   设备调度策略

在模型聚合过程中，服务器会首先计算接收到的更新范数的均值和标准差，之后服务器会对没有发送本地模型更新的 UE 进行估计。当服务器仅接收到模型更新范数时，服务器会依赖模型的历史信息来估计丢失模型的参数，这样就可以在具有不同的信道传输条件和训练数据集大小时，克服客户端异构性，实现高效模型聚合。利用模型更新范数估计的具体过程如下所示：

$$\hat{\boldsymbol{w}}_t = e^{-\beta\Delta t}\boldsymbol{w}_0 + (1 - e^{-\beta\Delta t})\mu \tag{6-48}$$

上述过程为奥恩斯坦 - 乌伦贝克（Ornstein - Uhlenbeck，OU）过程。式中，β 和 μ 为 OU 过程参数，为一预先确定的值；Δt 为 UE 本地更新后的模型范数与之前广播的模型范数之间的差异。通过式（6 - 48），服务器可以预测没有上传模型参数更新的 UE 值。在估计之后，通过对接收到的模型和预测的模型进行聚合，服务器生成一个新的模型。最后利用收集到的模型生成一个新的阈值 τ_{t+1}。上述过程重复执行，直至满足收敛条件。

6.3.5   基于连续凸逼近的求解

在确定基于模型更新范数的设备调度方案之后，本节将对上述优化问题进行基于连续凸逼近的求解，并提出联合设计通信与设备调度方案的 OU_SCA 算法。

6.3.5.1   优化问题化简

在确定设备调度策略 $\mathcal{K}$ 后，则会给定一个二进制变量 $\boldsymbol{m}_k$，将优化问题（6 - 47）的目标函数化简为如下形式：

$$\min_{(\boldsymbol{f},\boldsymbol{\theta})\in S}\max_{k\in\mathcal{K}} u_k(\boldsymbol{f},\boldsymbol{\theta}) = -\frac{|\boldsymbol{f}^H\boldsymbol{h}_k(\boldsymbol{\theta})|^2}{\overline{D}_k^2} \tag{6-49}$$

式中，S 为 $\{\boldsymbol{f},\boldsymbol{\theta}\}$ 的可行集。

尽管给定了二进制变量 $\boldsymbol{m}_k$，式（6 - 47）中的第一个约束条件（设备调度开销约束）随即确定，优化问题变为具有两个优化变量的优化问题，但优化目标函数中 $\{\boldsymbol{f},\boldsymbol{\theta}\}$ 的具有高度耦合性，式（6 - 49）仍然是非凸的。

6.3.5.2　构造代理函数

在求解过程中，可以通过求解一系列凸近似问题来迭代更新 f 和 θ。首先需要构造凸代理函数。设在第 j 轮迭代过程中，需要基于可行集 $(f^{(j)},\theta^{(j)}) \in S$ 来构造凸代理函数 $\tilde{u}_k^{(j)}(f,\theta)$。代理函数 $\tilde{u}_k^{(j)}(f,\theta)$ 可以看作优化目标函数 $u_k(f,\theta)$ 的近似，并且可以得到 $f^{(j+1)}$ 和 $\theta^{(j+1)}$。代理函数具体如下式[29]：

$$
\begin{aligned}
\tilde{u}_k^{(j)}(f,\theta) &= u_k(f^{(j)},\theta^{(j)}) + \frac{\gamma\|f-f^{(j)}\|^2 + \gamma\|\theta-\theta^{(j)}\|^2}{\bar{D}_k^2} + \\
&\quad \mathrm{Re}\{(f-f^{(j)})^H \nabla_{f^*} u(f^{(j)},\theta^{(j)})\} + \mathrm{Re}\{(\theta-\theta^{(j)})^H \nabla_{\theta^*} u(f^{(j)},\theta^{(j)})\} \\
&= \frac{c_k^{(j)} - 2\mathrm{Re}\{f^H a_k^{(j)} + \theta^H b_k^{(j)}\}}{\bar{D}_k^2}
\end{aligned}
$$

$$(6-50)$$

式中，$\mathrm{Re}\{x\}$ 为向量 x 的实部；$\nabla_{f^*} u(f^{(j)},\theta^{(j)})$ 为目标函数 $u_k(f,\theta)$ 在 $f=f^{(j)}$，$\theta=\theta^{(j)}$ 处的共轭梯度；γ 为正则化参数，用于保证强凸性。$a_k^{(j)}$、$b_k^{(j)}$、$c_k^{(j)}$ 的定义由下面三式给出：

$$
a_k^{(j)} = (\gamma + h_k(\theta^{(j)}) h_k(\theta^{(j)})^H) f^{(j)} \tag{6-51}
$$

$$
b_k^{(j)} = \gamma\theta^{(j)} + G_k^H f^{(j)} (f^{(j)})^H h_k(\theta^{(j)}) \tag{6-52}
$$

$$
c_k^{(j)} = 2\mathrm{Re}\{(f^{(j)})^H h_k(\theta^{(j)})(\theta^{(j)})^H G_k^H f^{(j)}\} + |(f^{(j)})^H h_k(\theta^{(j)})|^2 + 4\gamma
$$

$$(6-53)$$

至此，凸代理函数已构建完毕，接下来将通过拉格朗日对偶法对凸代理函数进行分析求解。

6.3.5.3　拉格朗日对偶问题优化求解

在上一小节的推导中，两个优化变量的迭代值 $f^{(j+1)}$ 和 $\theta^{(j+1)}$ 可以通过求解优化问题 $(f^{(j+1)},\theta^{(j+1)}) = \arg\min_{(f,\theta) \in S} \max_{k \in K} u_k^{(j)}(f,\theta)$ 得到，如式（6-49）所示，由于可行集中任意一对元素 $\forall (f,\theta) \in S$ 存在 $\|f\|_2^2 = 1$ 和 $\|\theta\|_2^2 = N$，优化问题可以化简为：

$$
\begin{aligned}
&(f^{(j+1)},\theta^{(j+1)}) = \arg\min \kappa \\
&\text{s. t. } \bar{D}_k^2 \kappa \geq c_k^{(j)} - 2\mathrm{Re}\{f^H a_k^{(j)} + \theta^H b_k^{(j)}\}, \\
&\quad k \in \mathcal{K}
\end{aligned}
$$

$$(6-54)$$

由于可行集 S 的存在，优化问题（6-54）仍然是非凸的。为了求解上述优化问题，本小节通过拉格朗日对偶法进行近似求解。为了便于描述，定义向量 $\xi = [\xi_1, \cdots, \xi_{|\mathcal{K}|}] > 0$ 为拉格朗日乘子，向量的元素数量取决于所选 UE 集合的大小。

在定义了拉格朗日乘子之后，式（6-54）中的优化问题可以用如下拉格朗日函数来表示：

$$L^{(j)} = \kappa + \sum_{k \in \mathcal{K}} \xi_k \left(c_k^{(j)} - \bar{D}_k^2 - 2\mathrm{Re}\{\boldsymbol{f}^H \boldsymbol{a}_k^{(j)} + \boldsymbol{\theta}^H \boldsymbol{b}_k^{(j)}\} \right) \qquad (6-55)$$

定义拉格朗日函数之后，通过求解式（6-54）的对偶问题 $\max_{\zeta \geqslant 0} \min_{(f,\theta) \in S, \kappa \in \mathbf{R}} L^{(j)}(\boldsymbol{f}, \boldsymbol{\theta}, \kappa, \zeta)$ 来交替求得聚合向量和相移矩阵的迭代值 $(\boldsymbol{f}^{(j+1)}, \boldsymbol{\theta}^{(j+1)})$，结果如下所示：

$$\boldsymbol{f}^{(j+1)} = \frac{\sum\limits_{k \in \mathcal{K}} \xi_k \boldsymbol{a}_k^{(j)}}{\left\| \sum\limits_{k \in \mathcal{K}} \xi_k \boldsymbol{a}_k^{(j)} \right\|} \qquad (6-56)$$

$$\boldsymbol{\theta}^{(j+1)} = \exp\left(\mathcal{J} \arg\left\{ \sum_{k \in \mathcal{K}} \xi_k \boldsymbol{b}_k^{(j)} \right\} \right) \qquad (6-57)$$

在上式中，$\mathcal{J} = \sqrt{-1}$；$\|\cdot\|$ 为矩阵的二范数；拉格朗日乘子 ξ 由以下优化问题给出：

$$\underset{\xi}{\arg\min} \quad 2\left\| \sum_{k \in \mathcal{K}} \xi_k \boldsymbol{a}_k^{(j)} \right\| + 2\left\| \sum_{k \in \mathcal{K}} \xi_k \boldsymbol{b}_k^{(j)} \right\| - \sum_{k \in \mathcal{K}} \xi_k c_k^{(j)}$$
$$\text{s.t.} \quad \xi \geqslant 0,$$
$$\sum_{k \in \mathcal{K}} \bar{D}_k^2 \xi_k = 1 \qquad (6-58)$$

上式是凸优化问题，并可以通过 Python 的科学计算库 SciPy 进行求解。

6.3.5.4 OU_SCA 算法

在本节中对最小化通信开销的优化问题（6-47）进行优化求解，求解的思路是基于连续凸逼近算法为优化问题构造凸代理函数，并通过拉格朗日对偶法交替求得波束聚合向量 $\boldsymbol{f}$ 和相移矩阵 $\boldsymbol{\theta}$ 的迭代值。

综上所述，为了求解 RIS 辅助分层联邦学习通信计算一体化系统中通信开销最小化的优化问题。本节以单个小区为研究目标，通过控制每个小型蜂窝网络的通信开销与设备调度开销，实现整个系统通信开销最小化。提出来一种通信和学习的联合优化求解的方案：OU_SCA 算法，见表 6-1。OU_SCA 算法针对式（6-47）中的优化问题，基于 OU 过程，提出模型更新范数的设备调度方案，以克服客户端异构性；在确定所选 UE 设备集合后，基于连续凸逼近对式（6-47）的非凸优化问题求解，得到最优波束聚合向量 $\boldsymbol{f}$ 和相移矩阵 $\boldsymbol{\theta}$。当迭代次数达到最大值 $J_{\max}$ 或目标值在连续两个迭代轮次的变化小于阈值时，算法会收敛并且终止运行。在计算复杂度方面，为求解问题（6-58），计算复杂度为与所选 UE 设备集合的大小 $|\mathcal{K}|$ 有关，即为 $\mathcal{O}(|\mathcal{K}|^3)$，并且需要 $J_{\max}$ 轮迭代，所以 OU_SCA 算法的计算复杂度为 $\mathcal{O}(J_{\max}K^3)$。

表 6-1 OU_SCA 算法

初始化阶段：

初始化：RIS 相移矩阵 $\boldsymbol{\theta}^{(0)}$，波束聚合向量 $\boldsymbol{f}^{(0)}$，模型更新范数阈值 τ_t；

设置：正则化系数 γ，最大迭代次数 $J_{\max}$，阈值 ε。

算法实现阶段：

(1) 随机选择 UE 并下发全局模型，UE 计算本地梯度，得到本地模型参数；

(2) UE 计算模型更新范数并与阈值 τ_t 比较，确定是否发送模型更新至服务器；

(3) 计算目标值$\mathrm{obj}^{(0)} = \min_{k \in \mathcal{K}} - \left| (\boldsymbol{f}^{(0)})^H \boldsymbol{h}_k(\boldsymbol{\theta}^{(0)}) \right| / \bar{D}_k^2$；

(4) for $j = 1, 2, \cdots, J_{\max}$；

(5) 求解式（6-58）中的优化问题，得到 ξ；

(6) 给定 ξ，分别对式（6-56）、式（6-57）进行计算得到 $(\boldsymbol{f}^{(j+1)}, \boldsymbol{\theta}^{(j+1)})$；

(7) 根据下式更新目标值$\mathrm{obj}^{(j+1)}$：

$$\mathrm{obj}^{(j+1)} = \min_{k \in \mathcal{K}} - \left| (\boldsymbol{f}^{(j+1)})^H \boldsymbol{h}_k(\boldsymbol{\theta}^{(j+1)}) \right| / \bar{D}_k^2；$$

(8) 判断：$\left| \mathrm{obj}^{(j+1)} - \mathrm{obj}^{(j)} \right| / \left| \mathrm{obj}^{(j+1)} \right| > \boldsymbol{\epsilon}$；

(9)   终止 for 循环；

(10) 返回步骤（2）。

输出阶段：

输出：当前通信轮次优化后得出的聚合向量 $\boldsymbol{f}^{(j+1)}$ 和相移矩阵 $\boldsymbol{\theta}^{(j+1)}$；

        通过式（6-48）估计丢失模型参数并计算全局模型。

6.3.6　性能仿真与分析

6.3.6.1　仿真参数设置

在本节的仿真中，考虑了一个分层联邦学习通信计算一体化场景，假设场景下有一个 MBS，在 MBS 中部署有一个分层联邦学习的中心服务器，3 个 SBS 分布在 3 个小型蜂窝网络中，并且每一个 SBS 中都部署一个边缘服务器，每一个 SBS 为 20 个 UE 提供服务，即网络中总共有 60 个 UE。并且每一个小型蜂窝网络中，都部署着一个 RIS，用于辅助通信和全局模型聚合。在每一个小区内 UE - SBS 和 SBS - MBS 的通信过程中，应用所提 OU_SCA 算法实现系统的通信开销最小化。假设每个小区内的训练数据集总量是一样的。MBS 到 SBS 的距离固定为 200 m。在每一个 SBS 服务的小型蜂窝网络中，定义三维坐标系以 SBS 为参照点，SBS 坐标位于（0, 0, 0）m，RIS 坐标位于（40, 30, 0）m。在每一个 UE 的位置分布及训练数据大小方面，采用均匀分布和非均匀分布两种场景，具体如下所示。

场景 1：本小区内全部 20 个 UE 均匀分布于矩形区域($[0,10]$，$[60,70]$，-10)m 内，每个用户数据大小为固定值 750。

场景 2：本小区内 20 个 UE 随机分到两个区域内，10 个在近区，分布于矩形区域($[0,10]$，$[20,30]$，-10)m 内，另外 10 个在远区，分布于矩形区域($[0,10]$，$[90,100]$，-10)m 内。在 20 个 UE 中随机选取一半的设备，并将其 $\bar{D}_k^2$ 设置为[1 000,2 000]，其余一半的 UE 训练数据大小为[100,200]。

各个蜂窝网络之间不会互相干扰，路径损耗由下式给出：

$$L(r) = C(r/r_0)^{-PL} \qquad (6-59)$$

式中，C 为单位常数 $r_0 = 1$ m 的路径损耗；r 为直连链路的距离；PL 代表路径损耗系数。信道的信道系数由 $\boldsymbol{G} = \sqrt{L(r)}\boldsymbol{\Gamma}$ 给出，其中，$\boldsymbol{\Gamma}$ 服从复高斯分布，即 $\boldsymbol{\Gamma} \sim \mathcal{CN}(0,\boldsymbol{I})$。

其余通信参数设置详见表 6-2。

表 6-2 多小区分层联邦学习仿真通信参数设置

参数	取值
SBS 天线数量 M	8
MBS 天线数量 M_0	8
RIS 反射单元数量 N	20/30/40/50/60
单位长度下的路径损耗 C/dB	-30
最大发射功率 P_0/dB	-10
路径损耗系数 PL	3.76
通信噪声功率 σ_n^2/dB	-100
SCA 最大迭代次数 J_{max}	100
SCA 阈值 ε	0.01
正则化参数 γ	1
载波频率 f_c/MHz	915
学习率	0.01

在分层联邦学习的训练数据集方面，采用 Fashion – MNIST 数据集，并利用该数据集执行图像分类的任务。训练所采用的神经网络为 CNN，该 CNN 的结构为两个 5×5 的卷积层（每个都有一个 ReLU 激活层和一个 2×2 的最大池化）、一个正则化处理层、一个有 50 个单元的全连接层和 Softmax 输出层，输出为分类后结果。具体如图 6 – 10 所示，神经网络训练的损失函数为交叉熵。分层联邦学习的性能的度量用测试数据集的测试精度表示。

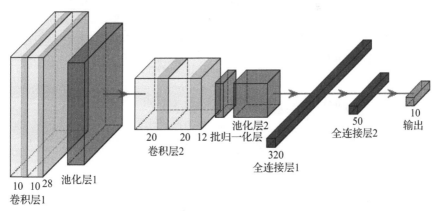

图 6 – 10　分层联邦学习训练所用 CNN 示意图

6.3.6.2　分层联邦学习仿真分析

本小节将对 Fashion – MNIST 图像分类数据集在分层联邦学习系统上进行仿真分析。为了证明本章所提处的 OU_SCA 算法的性能，在本节中设置的对照方案如下。

（1）无噪声：作为对照的基准方案，在分层联邦学习通信过程中，假设信道中不存在噪声（即 $\sigma_n^2 = 0$），每个小区内的全部设备均参与分层联邦学习的模型训练和模型聚合。MBS 与 SBS 在进行模型聚合过程中不存在聚合误差。

（2）RS 方案：采用经典的联邦学习随机选择设备调度方案[24]，即在全局模型的下发阶段，服务器随机选取一部分 UE，只对全局模型进行下发（不下发模型范数更新的阈值 τ_t），在全局模型的上传阶段，被选取的 UE 对更新后的本地模型全部进行上传。

（3）SDR：采用 SDR 求解式（6 – 47）中的优化问题[30]，在求解过程中固定一个变量，采用 SDR 交替更新其他变量。

（4）无 RIS：在执行本章所提算法的过程中，不部署 RIS 来辅助分层联邦学习通信计算一体化系统。

本小节对分层联邦学习训练过程中测试数据集的测试精度进行分析，图 6 – 11 和图 6 – 12 分别描述了两个场景下不同方案测试精度随训练轮次变化的折线图。

图 6 – 11 描述了在场景 1（均匀分布）下测试精度随训练轮次收敛的曲线

图。仿真图表明，在用户位置和数据集大小均为均匀分布时，本书所提出的 OU_SCA 算法可以较好地逼近无噪声情况下的收敛曲线。与采用 RS 设备调度的对照方案相比，OU_SCA 算法所采用的基于模型更新范数的设备调度方案具有更好的收敛性能。在使用 SDR 的方案和无 RIS 辅助通信场景下，两种方案均会达到较低的收敛性，并且分层联邦学习模型训练效果欠佳。在均匀分布的场景 1 下，由于 UE 均匀分布且数据集大小相等，所以不存在数据异构性，与不进行设备调度相比，本书所提算法收敛到一个较高的精度。

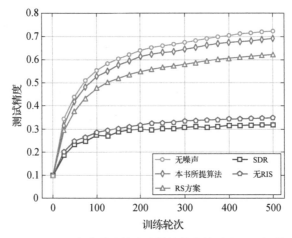

图 6-11　不同方案训练精度随训练轮次的对比图（场景 1）

图 6-12 描述了在场景 2（非均匀分布）下测试精度随训练轮次收敛的曲线图。仿真图表明，在 UE 位置被分为远近两个区域，并且数据集大小不对等时，本书所提出的 OU_SCA 算法的收敛性能仍能接近无噪声情况下基准方案的收敛性

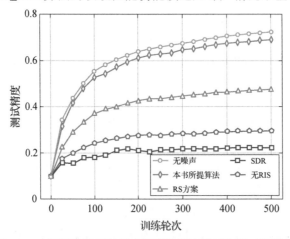

图 6-12　不同方案训练精度随训练轮次的对比图（场景 2）

能。而无调度的对照算法却收敛到了较低的测试精度，在存在数据异构性和位置异构性的场景下，性能受到了很大限制。采用 SDR 方案和无 RIS 场景收敛性较差。OU_SCA 算法基于模型更新范数来进行设备调度，服务器依赖模型的历史信息来估计模型的参数，对比 RS 方案，设备调度的对照算法性能有了很大的提升。

结合图 6 – 11 与图 6 – 12 来看，本书所提 OU_SCA 算法在场景 1 和场景 2 中均能实现较好的收敛性，而采用 RS 设备调度的对照算法在非均匀分布的场景 2 中的收敛性能大幅下降。同时，采用 SDR 对照方案在两种场景下收敛性能较差。在移除 RIS 之后，无论是均匀分布的场景 1 还是非均匀分布的场景 2，分层联邦学习的收敛性能均大幅下降，这也证明了 RIS 在辅助通信和加速空中计算模型聚合过程中的重要性。由于设备异构性导致的 UE 信道状态不一致、数据集大小不一致会对分层联邦学习系统的收敛性能造成较大影响，而本章所提出的 OU_SCA 算法可以通过联合优化通信和学习，克服设备异构性造成的不利影响。

接下来本节给出分层联邦学习的测试数据集测试精度随 RIS 反射单元数量变化的折线图，数据集的测试精度是分层联邦学习系统经过 500 轮次训练之后实现收敛得到的结果。图 6 – 13 与图 6 – 14 分别为两种场景不同方案下测试精度随 RIS 反射单元数量变化的折线图。

图 6 – 13 展示了在场景 1（均匀分布）下测试精度随 RIS 反射单元数量变化的折线图。从图中可以看出，本书所提出的 OU_SCA 算法和无噪声的基准方案不会随着反射单元数量的变化而产生巨大的波动，并且测试精度的收敛值稳定在一个较高水平。与无噪声的基准方案相比，OU_SCA 收敛到的测试精度较小，但两者差别并不是很大。与此相比，在采用随机选择 UE 的设备调度方案时，测试精

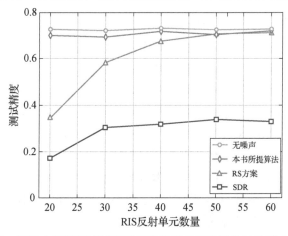

图 6 – 13　不同方案下测试精度随 RIS 反射单元数量的对比图（场景 1）

度随反射单元数量的关系呈递增的趋势，当反射单元数量小于 40 时，分层联邦学习的收敛性较差，当反射单元数量达到 50 后，RS 设备调度的对照方案可以达到 OU_SCA 和无噪声基准方案的收敛性。而经典的基于 SDR 的求解方案达到的收敛性较差。

图 6-14 描绘了在场景 2（非均匀分布）下测试精度随 RIS 反射单元数量变化的折线图。仿真图表明，无噪声的基准方案不受 RIS 反射单元数量的影响，均能达到较高的测试精度。本书所提出的 OU_SCA 算法在反射单元数量小于 40 时，测试精度随反射单元数量变化呈递增趋势，在达到 40 后，测试精度不随反射单元数量变化而产生明显波动，稳定在 0.7 左右。与之相比，在采用 RS 方案时，随着反射单元数量的变化，测试精度呈现先递增后不变的趋势，并且收敛值为 0.5 左右，明显低于无噪声的基准方案与本书所提算法。在经典的 SDR 方案中，与场景 1 相比，存在客户端异构性的场景所能达到的收敛点更低。

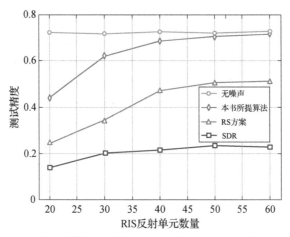

图 6-14 不同方案下测试精度随 RIS 反射单元数量的对比图（场景 2）

通过将图 6-13 与图 6-14 进行对比可知，在小区内部署 RIS 可以有效克服如场景 2 中的数据异构性造成的收敛性差的问题，并随着 RIS 反射单元数目的增加，其对分层联邦学习的收敛性能的改善效果增强。在采用 RS 设备调度方案的情况下，在 UE 均匀分布的场景 1 比存在客户端异构性的场景 2 可以实现更高的收敛；而本章所提 OU_SCA 算法较 RS 方案和基于 SDR 方案可以实现更好的收敛性，证明了基于模型更新范数的设备调度方案的有效性。

从本节的仿真分析中可以看出，本章所提的 OU_SCA 算法，通过联合设计分层联邦学习中的通信参数与学习，达到了较高的收敛性，尤其对存在客户端异构性的非均匀分布场景改善显著。

6.4　RIS 辅助通信的分组式异构联邦学习框架

对于 6.1 节所提的第二个技术难点，本节介绍文献 ［31］ 中一个基于 RIS 的联邦学习框架来进行分组的异构训练（Federated Learning with IRS for Grouped Heterogeneous Training，FLIGHT），以减少由客户端的异构通信和计算造成的延迟。具体地说，文献 ［31］ 制定了一个代价函数和一个基于贪婪的分组策略，它将客户分为几个组，以加速 FL 模型的收敛。仿真结果验证了 FLIGHT 加速异构客户 FL 收敛的有效性。除了典型的线性回归模型和卷积神经网络，FLIGHT 也适用于其他学习模型。

6.4.1　系统模型

在本节中，首先介绍 FLIGHT 模型，其次介绍了 RIS 辅助的通信系统，并制定了代价函数。

6.4.1.1　FLIGHT 模型

在服务器参数方案中，存在一个服务器节点，它聚合客户端节点的本地参数，然后将更新后的参数发送回客户端节点，如图 6 – 15 所示。首先，客户用自己的数据在本地训练他们的模型。一旦在 t 时刻对客户端 k 完成训练，它将把其模型参数 $\boldsymbol{W}_t^k$ 发送到服务器节点。当服务器接收到所有客户端的模型参数时，它将通过 $\boldsymbol{W}_{t+1}^k = \dfrac{1}{K} \sum_k \boldsymbol{W}_t^k$ 聚合模型，以获得更新后的模型 $\boldsymbol{W}_{t+1}^k$，然后将其发送给所有客户端。其中，K 表示客户端的数量。然而，使用这种方式，较快的客户必须

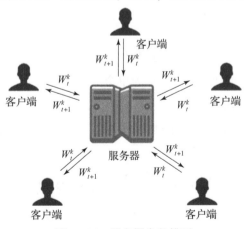

图 6 –15　服务器参数模型

等待较慢的客户才能开始下一轮训练。特别是当服务器和客户端之间的通信环境由于距离或阻塞而不好时，或者如果一些客户端总是无法上传模型参数，可能会卡住聚合。

如图 6 – 16 所示，FLIGHT 从客户端中选择伪服务器（Pseudo Server，PS），以消除真正的服务器节点。在选择了 PS 后，他们将挑选他们的组成员，并类似于 FedAvg，聚合成员的模型参数。当系统找不到连接所有客户端的服务器或服务器和客户端之间的通信成本不可接受时，通常会使用此体系结构。

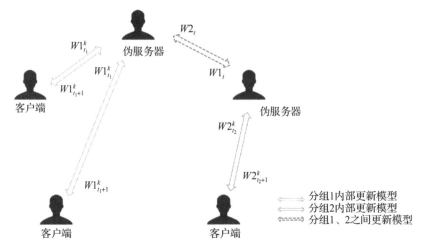

图 6 – 16　FLIGHT 模型

在 FLIGHT 中，考虑了一个基于 PS 选择的分布式 FL 系统，如图 6 – 16 所示。其中，所有客户端都构造了一个集合 $\mathcal{M}$，大小为 $|\mathcal{M}|$。当创建组 $\mathcal{G}$ 时，每个正常客户端都将与选定的 PS 客户端相关联。PS 客户端负责聚合这个组中所有客户端训练过的模型。将第 i 个组中的客户端集合表示为 $\mathcal{G}_j$，并在所有 PS 客户端之间提供连接。

假设每个客户端都有一部分本地数据，记为 $\mathcal{S}_k = \{x_j, y_j\}_{j=1}^{|\mathcal{S}_k|}, k \in \mathcal{M}$，来训练本地模型并得到本地更新。式中，$x_j$ 为单个数据样本；y_j 为相应的标签。客户的目标是集体训练一个 DL 模型，记为 $w \in R^Q$，其中，Q 表示模型的参数数量。设 $f(x_j, y_j; w)$ 表示在模型 w 上计算的数据样本 (x_j, y_j) 对应的目标函数。因此，第 k 个客户端的目标函数被定义为：

$$\mathcal{F}_k(w) \triangleq \frac{1}{|\mathcal{S}_k|} \sum_{j=1}^{|\mathcal{S}_k|} f(x_j, y_j; w) \tag{6-60}$$

式中，$k \in \mathcal{M}$。

在这种情况下，整个联邦优化模型被定义为：

$$w^* = \arg\min_{w} \left\{ \mathcal{F}(w) \triangleq \sum_{k=1}^{|\mathcal{M}|} p_k \mathcal{F}_k(w) \right\} \quad (6-61)$$

式中，p_k 为第 k 个客户端的权重，$p_k \geq 0$、$\sum_{k=1}^{|\mathcal{M}|} p_k = 1$。

6.4.1.2　RIS 增强的通信模型

FLIGHT 系统中使用的无线通信网络如图 6-17 所示，其中部署了 RIS 来增强客户端之间的通信。假设每个客户端都配备了单个天线，RIS 有 L 个相移元件。所考虑的场景是，客户端之间可能存在障碍，因此直接链路被阻塞，或者与辅助链路 RIS 链路相比，直接链路的接收功率可以忽略不计。

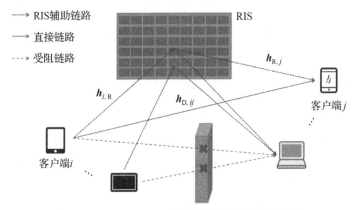

图 6-17　FLIGHT 系统中使用的无线通信网络

假设在整个训练过程中采用了一个具有不变信道状态信息的信道模型。根据这些假设，第 i 个客户端和第 j 个客户端之间的信道向量可以表示如下：

$$h_{ij}(\boldsymbol{\Theta}) \triangleq h_{\mathrm{D},ij} + h_{i\mathrm{R}} \boldsymbol{\Theta} h_{\mathrm{R}j} \quad (6-62)$$

式中，$h_{\mathrm{D},ij}$ 为第 i 和第 j 客户端之间直接链路的信道向量；$h_{i\mathrm{R}}$ 和 $h_{\mathrm{R}j}$ 分别为第 i 个客户端和 RIS 之间的信道向量，以及 RIS 和第 j 个客户端之间的信道向量；对角矩阵 $\boldsymbol{\Theta}$ 是 RIS 的反射矩阵，即 $\boldsymbol{\Theta} = \mathrm{diag}(\theta)$。假设 RIS 的振幅反射系数为 1，则 $|\theta_i|^2 = 1$，$\theta_i \in \theta$。

因此，当第 i 个客户端向第 j 个客户端发送信号 x_{ij} 时，接收到的信号可以表示为：

$$y_{ij} = h_{ij}(\boldsymbol{\Theta}) x_{ij} + n_j \quad (6-63)$$

式中，n_j 为一个具有 $\mathcal{N}_C(0, \sigma_n^2)$ 分布的加性高斯白噪声向量。当传输更新后的 FL 模型 W_k 时，用 x_{ij} 表示 W_k。

因此，客户端 j 的 SINR 可以表示为：

$$\gamma_{ij} = \frac{|h_{ij}(\boldsymbol{\Theta})|^2 P_{\mathrm{tra}}^i}{\sum_{k \neq i}^{|\mathcal{M}|} |h_{kj}(\boldsymbol{\Theta})|^2 P_{\mathrm{tra}}^k + \sigma^2} \quad (6-64)$$

式中，P_{tra}^i 为第 i 个客户端的传输功率；σ^2 为 AWGN 的功率。

因此，从第 i 个客户端到第 j 个客户端的传输速率可以建模为：

$$R_{ij} = B\log_2(1 + \gamma_{ij}) \tag{6-65}$$

6.4.1.3　成本函数

FedAvg 的缺点是，由于客户端节点的异构性，快速节点必须等待慢节点上传完本地更新，服务器节点才能聚合，导致高处理能力的节点浪费性能（即快速计算的速度）。同时，FL 模型的收敛速度也受到通信过程的影响。因此，为了实现更好的分组性能，FLIGHT 应该同时区分客户端之间的计算能力和通信质量的差异。

在 FLIGHT 中，使用 R 和每秒浮点运算（Floating-point Operation Per Second，FLOPS）f 来分别表示客户端之间的通信速率和客户端之间的计算能力。为了确定客户之间的成本，采用以下策略：

$$C_{ij} = 1/R_{ij} + \mu(f_i - f_j)^2 \tag{6-66}$$

式中，C_{ij} 为客户端 i 和客户端 j 之间的连接成本，其表明了他们的通信状态以及他们的计算能力的差异；客户端 i 和客户端 j 之间的通信速率用变量 R_{ij} 表示；FLOPS 分别用 f_i 和 f_j 表示；μ 是调整计算能力对成本影响的一个参数。

这个公式描述了客户端之间的匹配度。显然，客户端自然更希望选择其他 C 值较低的客户端作为自己的组成员，因为 C 值越低，说明客户端之间的通信速率越高，计算能力越相似。值得注意的是，分隔客户端的目的是减少客户端的无效等待时间，这意味着客户端希望选择具有相似计算能力的客户端或计算能力较低但通信速度较快的客户端作为一个组。这样，C 值越低，意味着客户端之间的匹配就越强。这也意味着在同一组中的客户端不必浪费太多的时间来等待合作的成员。

6.4.2　基于 RIS 增强无线信道的贪心分组式联邦学习

本节介绍基于 FL 分组的 FLIGHT 框架，其可应用于分布式场景。算法 6-2 提供了整个 FLIGHT 算法过程，主要分为成本计算、客户端分组和联邦训练三个步骤。具体来说，客户端分组算法见算法 6-3。

6.4.2.1　成本计算和客户端分组

由于客户端之间的通信限制和异构性，整个系统的性能受到一般 FL 技术的限制。例如，如果系统中的某些客户端处于较差的通信状态或计算能力较低，则其他客户端将不得不等待这些客户端。因此，文献 [31] 提出了式（6-66）来评估客户端的匹配程度。

算法 6 - 2　FLIGHT 训练算法

初始化；
while 时间 < 终止时间 **do**
　　for 并行的每个组 $\mathcal{G}_i \in \mathcal{G}$ **do**
　　　　while 时间 $\neq nT$，$n = 1$，2，$\cdots$ **do**
　　　　　　for 每轮 **do**
　　　　　　　　for 并行的每个客户端 **do**
　　　　　　　　　　$\mathcal{B} \leftarrow$ 将本地数据分成大小为 B 的批处理器
　　　　　　　　　　for 批次 $b \in \mathcal{B}$ **do**
　　　　　　　　　　　　根据式（6 - 67）进行本地训练；
　　　　　　　　　　end for
　　　　　　　　end for
　　　　　　　　根据式（6 - 68）和式（6 - 69）进行群聚合；
　　　　　　end for
　　　　end while
　　end for
end while
初始化：
根据式（6 - 66）计算 C；
根据算法 6 - 3 更新组 $\mathcal{G}$；
PS 通信：
for 并行的每个 PS **do**
　　从其他 PS 接收模型；
　　向其他 PS 发送模型；
　　根据式（6 - 70）聚合模型；
end for

算法 6 - 3　贪婪分组算法

计算 $C_{\min}$
while 未分组客户端数量 > 0 **do**
　　选择客户端 K_{bf}；
　　for 未分组的客户端中的客户端 k **do**
　　　　if $C_{bf,k} < \varepsilon \times C_{\min}$ **then**
　　　　　　$k \in \mathcal{G}_{bf}$
　　　　end if
　　end for
　　让 $\mathcal{G}_{bf}$ 中的客户端 K_{bf} 作 PS；
　　$\mathcal{G}_{bf} \in g$；
end while
return $\mathcal{G}$

解决这个问题的一个方案是将整个客户端集划分为一系列的组，以限制一个客户端必须合作的客户端数量。当形成组时，需要一个如算法 6－3 所述的贪婪算法，其中，$C_{\min}$ 表示成本最低的客户端。在未分组的客户端中，客户端 K_{bf} 是处理能力最高的客户端。选择客户端 k 为 g_{bf} 成员的阈值由 ε 决定。

因此，PS 选择了一组具有相似匹配度的客户端，减少了由客户端异构性造成的延迟。

6.4.2.2 联邦学习

在这种情况下，小组在被称为自我训练时间的时间 T 内独立地处理 FedAvg，在这个时间内，PS 作为聚合模型的角色工作。经过自我训练时间 T 后，各组的 PS 将相互沟通，从其他组客户端获得的数据中收集模型信息。在每个 PS 收到对方的模型参数后，将恢复自我训练。重复上述步骤，直到所有客户端都拥有相同的模型，它优于仅使用自己的本地数据训练的模型。

1. 组内本地训练

每个客户端在第 i 次迭代中使用小批量随机梯度下降算法进行本地训练：

$$\boldsymbol{\omega}_{\varphi,i}^{m} = \boldsymbol{\omega}_{\varphi,i-1}^{m} - \eta \nabla F(\boldsymbol{\omega}_{\varphi,i-1}^{m};\zeta_{\varphi,i}^{m}),m \in \mathcal{M} \tag{6-67}$$

式中，$\boldsymbol{\omega}_{\varphi,i-1}^{m}$ 为第 $\varphi+1$ 次 PS 通信前第 i 次迭代中使用的最新模型；η 为学习速率；$\nabla F(\boldsymbol{\omega}_{\varphi,i-1}^{m};\zeta_{\varphi,i}^{m})$ 为随机选择的局部小批量数据 $\zeta_{\varphi,i}^{m}$ 计算的梯度。

2. 组内的模型聚合

当组 $\mathcal{G}_k$ 中的所有客户端完成计算后，它们将更新后的模型发送给 $\mathcal{G}_k$ 的 PS 客户端。值得注意的是，更新后的模型在 RIS 增强的通信系统中传输。如果时间不满足 PS 客户端的通信条件，PS 客户端将在组内执行如下的模型聚合：

$$\boldsymbol{w}_{\varphi,i}^{\vartheta_k} = \sum_{m \in \vartheta_k} p_m \boldsymbol{w}_{\varphi,i}^{m} \tag{6-68}$$

式中，$\boldsymbol{w}_{\varphi,i}^{\vartheta_k}$ 为第 $\varphi+1$ 次 PS 通信前第 i 次迭代中的第 k 组聚合模型；$\mathcal{G}_k$ 为第 k 组。聚合后，最新模型发送回 $\mathcal{G}_k$ 中的客户端，本地模型更新为：

$$\boldsymbol{w}_{\varphi,i}^{m} = \boldsymbol{w}_{\varphi,i}^{\vartheta_k},m \in \mathcal{G}_k \tag{6-69}$$

3. 组间的模型聚合

当时间满足 PS 通信条件时，将共享每个组的模型信息。首先，每个组与所有其他组共享其模型。其次，由所有 PS 客户端执行模型聚合。最后，每个客户端接收到聚合模型，可以表示如下：

$$\boldsymbol{w}_{\varphi,0}^{m} \leftarrow \sum_{\vartheta_k} p_k \boldsymbol{w}_{\varphi-1,N_{\vartheta_k}}^{\vartheta_k},m \in \mathcal{M} \tag{6-70}$$

式中，N_{ϑ_k} 为第 φ 次 PS 通信前在组 $\mathcal{G}_k$ 内进行模型聚合的次数；p_k 为第 k 组的权重。

6.4.3　仿真结果与分析

本节介绍了文献［31］中对线性回归模型（Linear Regression，LR）和卷积神经网络进行的仿真，验证了 FLIGHT 的有效性。首先，介绍了仿真设置，包括数据集和网络结构。其次，讨论并分析了仿真结果的合理性。源代码是用 FedML[32]开发的，这是一个用于联邦学习的开源研究库。

6.4.3.1　LR 模型仿真

首先使用 MNIST[33]数据集来评估 LR 模型上的 FLIGHT 框架，以比较不同算法的性能。

1. 场景和数据集

考虑了 Deep - MIMO 数据集[34]提供的户外场景"O1_28"。在仿真中，假设 BS 被视为具有单个天线的客户端，以获取客户端之间的信道。在"O1"场景中，BS 的总数为 18 个，满足了仿真的需要。此外，在通信系统中还存在一些障碍，以满足 RIS 增强方案的需要。"O1"射线追踪场景的俯视图如图 6 - 18 所示[34]。共设 15 个客户端，为了创建一个异构的设置，选择 BS_2 ~ BS_7 和 BS_9 ~ BS_17 作为具有单个天线的客户端节点，BS_8 被激活为 RIS。在表 6 - 3 中总结了创建信道所采用的相关参数。

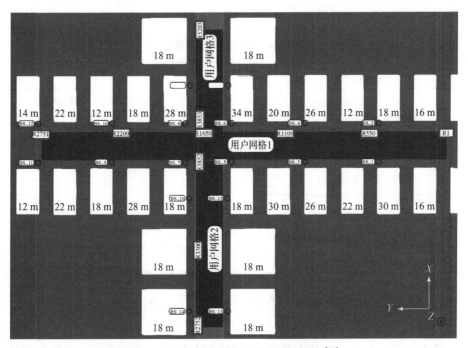

图 6 - 18　"O1"射线追踪场景俯视图[34]

表 6 – 3　Deep – MIMO 数据集参数

Deep – MIMO 参数	取值
RIS 元件数量	$M_y = M_z = 20$
工作频率/GHz	28
系统带宽/MHz	1
路径数量（L）	5

　　MNIST 数据集包含 60 000 张用于训练的图像和 10 000 张用于测试的图像，每张图像的大小为 28 像素 × 28 像素。向 15 个客户端分配相同数量的非重叠训练数据。假设每个客户端都能够与所有其他客户端进行通信。对测试数据也采用了同样的分区方法。利用独立同分布数据，即训练和测试数据被打乱，然后划分给 15 个客户端。用 LR 模型训练 MNIST 数据集，其输入维数和输出维数分别为 728 和 10。在训练过程中，将学习率设置为 0.001，并将批量的大小设置为 100。

　　FLOP f 反映了客户端的计算能力，它在 [0.05, 1.5] 十亿浮点运算（Giga Floting – Point Perations，GFLOP）范围内是随机选择的。其他 FLIGHT 设置在表 6 – 4 中列出。模型的参数数量和一次迭代所需的浮点操作（Floting – Point Operations，FLOP）数分别为 7 290 和 145 601，见表 6 – 4。

表 6 – 4　FLIGHT 设置参数

参数	取值
客户端 FLOP	[0.05, 1.5] GFLOP
模型大小/kb	113.9
每代需要的 FLOP	14 560
路径数量（L）	5
μ	1
ε	2
T/s	1

　　为了验证 FLIGHT 在异构场景中减少训练延迟的有效性，采用以下 FL 框架进行比较。

　　FedAvg[6]：这是一个基于客户端参数的 FL 框架，其中需要一个服务器从客户端中收集和聚合模型。设置客户端样本因子为 1，这意味着所有客户端都被选中参与每个模型聚合过程。

CFA[22]：这是一个基于共识的 FL 框架，在一个无基础设施的网络上进行分布式融合。全局模型参数是通过客户端与邻居共享参数的协作获得的。为每个客户端设置两个邻居。

OPS[35]：这是一个分布式的 FL 框架，其中每个节点只需要知道它的外部邻居，而不需要知道全局拓扑。假设客户端之间存在相互信任关系，并且为每个客户端设置了两个邻居。

2. 仿真结果

图 6 – 19 为初始热图，表示两个客户端之间的传输速率。客户端之间的沟通联系越强，颜色就越深。从图 6 – 20 中可以看出，当系统中加入 RIS 时，原本通信条件相对较差的客户端之间的连接关系显著增强。

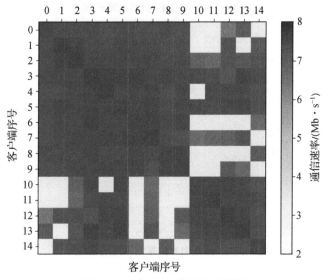

图 6 – 19 无 RIS 的传输率热图

图 6 – 21 展示了测试精度随时间的变化。可以观察到 FLIGHT 和 FLIGHT 无 RIS（FLIGHT – w/o – RIS）的测试精度在训练过程的早期阶段迅速增加，并在 30 s 时收敛。两条曲线在外观上几乎相同，这是由于在 "O1_28" 场景中使用 RIS 之前，传输速率的异质性较小。当使用 RIS 时，被阻塞客户端之间的传输速率显著提高，但其他传输速率的提高可以忽略不计。另外，这一现象表明，FLIGHT – w/o – RIS 在一个较少异构的系统中可以表现出更好的传输条件。相比之下，由于客户端与邻居之间的信息交换频繁，OPS 的训练过程远远滞后，这在整个 FL 训练过程中需要更多的通信过程。值得注意的是，虽然 CFA 的训练过程

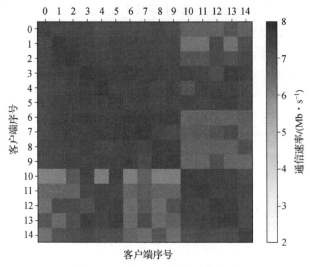

图 6 - 20   有 RIS 的传输率热图

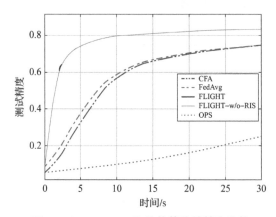

图 6 - 21   FLIGHT 和其他算法的精度比较

在早期比 FedAvg 处于领先地位, 但这两条曲线在 15 s 处相交。这表明, 对于简单的模型和数据集, 虽然 CFA 与 FedAvg 相比可以减少通信延迟, 但更重要的是聚合由不同客户端训练的所有参数信息。

不同因素对 FLIGHT 过程的影响如图 6 - 22 ~ 图 6 - 25 所示。μ 值表示 C 值计算能力的相关性。μ 值越大, 计算能力就越显著。本地培训的时间成本是由训练所需的 FLOP 和客户端的 FLOP 决定的。此外, 在仿真场景中, 一代中每个客户需要训练所有数据的时间比客户端之间通信的时间要长。这意味着在计算成本值时, 计算能力更为重要。在图 6 - 22 和图 6 - 23 中, 当 ε 固定为 2 时, μ 越大, 在早期训练损失减小得相对越快。另外, ε 的值表示组的范围。如图 6 - 24 和图

6 – 25 所示，当 μ 固定时，ε 越大，训练早期损失越慢。这是因为随着 ε 值的增加，组的大小也会增加，导致组内的延迟增加。

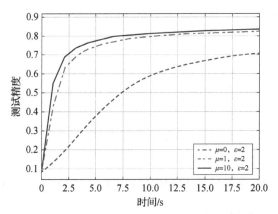

图 6 – 22   不同因素对 FLIGHT 的影响（不同 μ 下的测试精度）

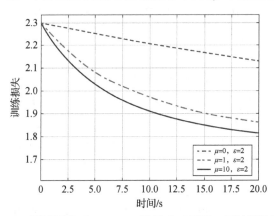

图 6 – 23   不同因素对 FLIGHT 的影响（不同 μ 下的训练损失）

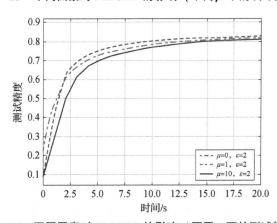

图 6 – 24   不同因素对 FLIGHT 的影响（不同 ε 下的测试精度）

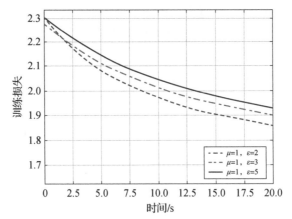

图 6-25 不同因素对 FLIGHT 的影响（不同 ε 下的训练损失）

6.4.3.2 CNN 模型仿真

在这一部分中，使用 CIFAR-10[36] 数据集来评估 CNN 模型上的 FLIGHT 框架，以比较不同算法的性能。

1. 场景和数据集

为了在强异构场景中验证 FLIGHT 框架的性能，假设客户端数量为 15 个。FLOP f 反映了客户端的计算能力，分别在 [50,250] GFLOP 和 [1.5,7] Mb/s 范围内随机选择客户端之间的通信速率 R。当采用 RIS 辅助通信时，假设通信速率在 [6,7] Mb/s 范围内选择。所采用的 CNN 模型如图 6-26 所示[37]，其中包含 3 个卷积层，然后是 3 个全连接层。模型的参数总数和一次迭代所需的 FLOP 分别为 77 578 和 90 880 001。值得注意的是，使用的模型并不是针对 CIFAR-10 的最新研究，因为目的是比较不同 FL 框架的性能，而不是在 CIFAR-10 上达到最高的精度。

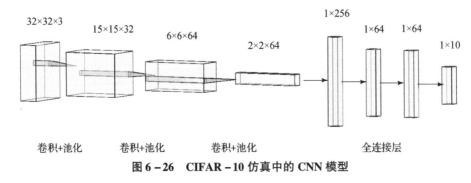

图 6-26 CIFAR-10 仿真中的 CNN 模型

CIFAR-10 数据集包含 50 000 个训练示例和 10 000 个测试示例，每个样本大小为 32 像素 × 32 像素，有 3 个 RGB 通道。将数据集划分为 15 个客户端，每个客户端分别包含 3 333 个训练示例和 666 个测试示例，数据分布采用 IID 设置。在训练过程中，将学习率和小批量学习的大小分别设置为 0.1 和 200。

2. 仿真结果

测试精度和训练损失随时间的变化分别如图 6 - 27 和图 6 - 28 所示。可以观察到，FLIGHT 精度迅速提高，在 300 s 时达到 77.89%。在这种异构的环境中，使用 RIS 的好处是显而易见的。在 300 s 时，FLIGHT - w/o - RIS 的准确率达到 77.09%。值得注意的是，当模型和数据集在这种设置下很复杂时，CFA 的收敛速度相对快于 FedAvg。此外，图 6 - 28 中 FLIGHT 和 FLIGHT - w/o - RIS 的损失曲线比其他框架更平滑。

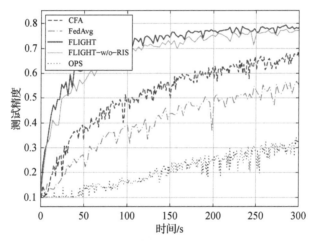

图 6 - 27　CIFAR - 10 仿真不同方法的测试精度

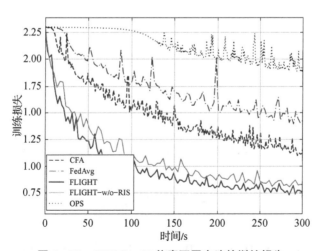

图 6 - 28　CIFAR - 10 仿真不同方法的训练损失

图 6 - 29 和图 6 - 30 说明了 FLIGHT 在不同客户端数量下的性能。当客户端数量等于 15 时，FLIGHT 可以在相对较短的时间内产生更大的结果。达到收敛点所需的时间会随着客户端数量的增加而增加。这是因为本地数据示例的数量决定了模型精度的上限，而不与其他客户端合作。因此，与其他客户端进行沟通，是以导致训练过程中的延迟为代价来提高本地模型精度的方式。

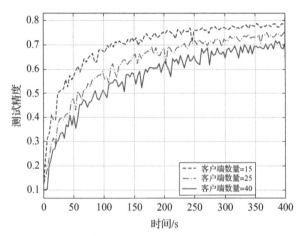

图 6 - 29 不同客户端数量下 CIFAR - 10 仿真中的测试精度

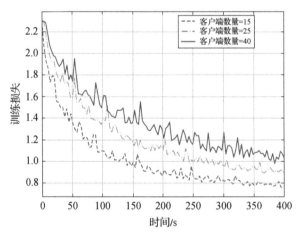

图 6 - 30 不同客户端数量下 CIFAR - 10 仿真中的训练损失

参 考 文 献

[1] LeCun Y, Bengio Y, Hinton G. Deep learning[J]. Nature, 2015, 521(7553): 436 - 444.

［2］Redmon J, Divvala S, Girshick R, et al. You only look once: unified, real − time object detection［C］. IEEE Conference on Computer Vision and Pattern Recognition, Las Vegas, NV, USA, 2016: 779 − 788.

［3］Zhao R, Yan R, Chen Z, et al. Deep learning and its applications to machine health monitoring［J］. Mechanical Systems and Signal Processing, 2019, 115(1): 213 − 237.

［4］Hinton G, Deng L, Yu D, et al. Deep neural networks for acoustic modeling speech recognition: The shared views of four research groups［J］. IEEE Signal Processing Magazine, 2012, 29(6): 82 − 97.

［5］Cho K, Van Merriënboer B, Gulcehre C, et al. Learning phrase representations using RNN encoder − decoder for statistical machine translation［J］. arxiv: 1406. 1078, 2014.

［6］McMahan B H, Moore E, Ramage D, et al. Communication − efficient learning of deep networks from decentralized data［J］. arxiv: 1602. 05629, 2016.

［7］Li L, Yang L, Guo X, et al. Delay analysis of wireless federated learning based on saddle point approximation and large deviation theory［J］. IEEE Journal on Selected Areas in Communications, 2021, 39(12): 3772 − 3789.

［8］Li L, Ma D, Ren H, et al. Enhanced reconfigurable intelligent surface assisted mmWave communication: A federated learning approach［J］. China Communications, 2020, 17(10): 115 − 128.

［9］Ma D, Li L, Ren H, et al. Distributed rate optimization for intelligent reflecting surfaces with federated learning［C］. IEEE International Conference on Communication Workshops, Dublin, Ireland, 2020: 1 − 6.

［10］Letaief K B, Shi Y, Lu J, et al. Edge artificial intelligence for 6G: Vision, enabling technologies, and applications［J］. IEEE Journal on Selected Areas in Communications, 2021, 40(1): 5 − 36.

［11］Li L, Ma D, Ren H, et al. Toward energy − efficient multiple IRSs: Federated learning − based configuration optimization［J］. IEEE Transactions on Green Communications and Networking, 2022, 6(2): 755 − 765.

［12］Wu Q, Zhang S, Zheng B, et al. Intelligent reflecting surface − aided wireless communications: A tutorial［J］. IEEE Transactions on Communications, 2021, 69(5): 3313 − 3351.

［13］Huang C, Hu S, Alexandropoulos G C, et al. Holographic MIMO surfaces for 6G wireless networks: Opportunities, challenges, and trends［J］. IEEE Wireless Communications, 2020, 27(5): 118 − 125.

[14] Liu H, Yuan X, Zhang Y J. Reconfigurable intelligent surface enabled federated learning: A unified communication − learning design approach[J]. IEEE Transactions on Wireless Communications, 2021, 20(11): 7595 − 7609.

[15] Wang Z, Qiu J, Zhou Y, et al. Federated learning via intelligent reflecting surface [J]. IEEE Transactions on Wireless Communications, 2022, 21(2): 808 − 822.

[16] Yang K, Shi Y, Zhou Y, et al. Federated machine learning for intelligent IoT via reconfigurable intelligent surface[J]. IEEE Network, 2020, 34(5): 16 − 22.

[17] Blot M, Picard D, Cord M, et al. Gossip training for deep learning[J]. arxiv: 1611. 09726, 2016.

[18] Hegedus I, Danner G, Jelasity M. Gossip training as a decentralized alternative to federated learning[C]. IFIP International Conference on Distributed Applications and Interoperable Systems, Berlin, Germany, 2019: 74 − 90.

[19] Khan L U, Pandey S R, Tran N H, et al. Federated learning for edge networks: Resource optimization and incentive mechanism[J]. IEEE Communications Magazine, 2020, 58 (10): 88 − 93.

[20] Yang K, Jiang T, Shi Y, et al. Federated learning via over − the air computation [J]. IEEE Transactions on Wireless Communications, 2020, 19(3): 2022 − 2035.

[21] Wan Z, Gao Z, Alouini M. Broadband channel estimation for intelligent reflecting surface − aided mmWave MIMO systems[C]. IEEE International Conference on Communication, Dublin, Ireland, 2020: 1 − 6.

[22] Savazzi S, Nicoli M, Rampa V. Federated learning with cooperating devices: A consensus approach for massive IoT networks[J]. IEEE Internet of Things Journal, 2020, 7(5): 4641 − 4654.

[23] Wang P, Li L, Wang D, et al. Enabling efficient scheduling policy in intelligent reflecting surface − aided federated learning[C]. IEEE Global Communications Conference, Madrid, Spain, 2021: 1 − 5.

[24] Yang H H, Liu Z, Quek T Q, et al. Scheduling policies for federated learning in wireless networks[J]. IEEE Transactions on Communications, 2020, 68(1): 317 − 333.

[25] Shi Y, Cheng J, Zhang J, et al. Smoothed Lp − minimization for green cloud − RAN with user admission control[J]. IEEE Journal on Selected Areas in Communications, 2016, 34(4): 1022 − 1036.

[26] Fang W, Jiang Y, Shi Y, et al. Over − the − air computation via reconfigurable intelligent surface[J]. IEEE Transactions on Communications, 2021, 69(12): 8612 − 8626.

［27］Friedlander M P，Schmidt M. Hybrid deterministic – stochastic methods for data fitting［J］. SIAM Journal on Scientific Computing，2012，34（3）：A1380 – 1405.

［28］Liu H，Yuan X，Zhang Y J. Reconfigurable intelligent surface enabled federated learning：A unified communication – learning design approach［J］. IEEE Transactions on Wireless Communications，2021，20（11）：7595 – 7609.

［29］Scutari G，Facchinei F，Song P，et al. Decomposition by partial linearization：Parallel optimization of multi – agent systems［J］. IEEE Transactions on Signal Processing，2014，62（3）：641 – 656.

［30］Wang Z，Shi Y，Zhou Y. Wirelessly powered data aggregation via intelligent reflecting surface assisted over – the – air computation［C］. IEEE Vehicular Technology Conference，Antwerp，Belgium，2020：1 – 5.

［31］Yin T，Li L，Ma D，et al. FLIGHT：Federated learning with IRS for grouped hetetogeneous training［J］. Journal of Communications and Information Networks，2022，7（2）：135 – 144.

［32］He C，Li S，So J，et al. FedML：a research library and benchmark for federated machine learning［J］. arxiv：2007. 13518，2020.

［33］LeCun Y，Bottou L，Bengio Y，et al. Gradient – based learning applied to document recognition［J］. Proceedings of the IEEE，1998，86（11）：2278 – 2324.

［34］Alkhateeb A. DeepMIMO：a generic deep learning dataset for millimeter wave and massive MIMO applications［J］. arxiv：1902. 06435，2019.

［35］He C，Tan C，Tang H，et al. Central server free federated learning over single – sided trust social networks［J］. arxiv：1910. 04956，2019.

［36］Krizhevsky A，Hinton G. Learning multiple layers of features from tiny images［J］. Handbook of Systemic Autoimmune Diseases，2009.

［37］LeNail A. NN – SVG：publication – ready neural network architecture schematics［J］. Journal of Open Source Software，2019，4（33）：747.

第 7 章

智能超表面：能量效率分析

智能超表面作为无源被动反射器件，其一大优点就是能够提升能量效率，本章以基于联邦学习的多智能超表面并行配置为例，对智能超表面的能量效率进行优化和分析。

7.1 现有工作与技术难点分析

7.1.1 现有工作

能源效率是 RIS 辅助无线通信[1-3]的关键性能指标。关于 RIS 辅助通信系统的能源效率最大化，目前已经有了一些初步的工作。在过去的十年里，一些经典的优化方法和学习技术对于配置 RIS 来探索最大化能源效率的领域具有足够的吸引力。在本节中，将对其进行详细的回顾和讨论，并在表 7 - 1 中进行了总结。

文献［4］中，Jia 等人使用了一个 RIS 来辅助 D2D 通信网络，基于上述场景研究了一个能源效率最大化问题，并将其解耦为两个子问题并交替优化。结果表明，该算法可以显著提高 D2D 网络的能效。文献［5］中，Sun 等人使用了多个 RIS 来辅助多用户多输入单输出（Multiple - Input Single - Output，MISO）下行蜂窝网络。他们在反射元件数量较大的条件下，考虑了 RIS 的电路功率，联合优化了 RIS 的相位和基站的波束成形向量，以最大限度地提高能源效率。文献［6］中，Zhou 等人表明能源效率的最大化可能会导致频谱效率的损失。他们分析了在 BS 和 RIS 上都有硬件损伤的 RIS 辅助 MISO 下行系统的频谱效率和能量效率。为了最大限度地提高能源效率，得出了发射功率的最优解，其随着 RF 损伤的增加而增加。

文献［7］中，Xiong 等人基于多用户的 MIMO 上行传输，考虑了能源效率和频谱效率之间的权衡。文献［8］中，Yang 等人指出了一种通过联合优化每个 RIS 的开关状态和相应的反射系数矩阵来最大化能源效率的方法，分别使用连续凸近似

(Successive Convex Approximation，SCA) 方法和贪婪搜索方法来解决单用户情况和多用户的情况下的优化问题。为了最大限度地提高能源效率，他们提出了一个框架，共同优化用户的传输预编码和 RIS 反射波束成形。文献［9］中，You 等人研究了 RIS 辅助 MIMO 通信中能源效率和频谱效率之间的非平凡权衡。然而，随着 RIS 元素数量的增加，这些被提出的算法的复杂性将是不可负担的。因此，需要新的方法来提高 RIS 辅助无线通信中的能源效率，同时确保实用性和鲁棒性。

　　另外，DL 或 RL 被认为是解决 RIS 独立或联合反射系数配置的优化问题的工具[10-14]。文献［10］中，Lee 等人考虑了一种通过能量采集技术驱动的 RIS 辅助蜂窝网络。作者提出了一种深度强化学习（Deep Reinforcement Learning，DRL）方法来最大化平均能源效率，随着 RIS 元素的增加，它表现出了突出的能效性能。文献［11］中，Khan 和 Shin 提出了一种 DL 方法来通过 RIS 估计反射信号的信道和相位角，其网络采用全连接层，该方法在误码率方面有所提高，并被证明能够减少传输负担。

　　文献［12］中，Zhang 等人基于无人机辅助地面 BS 毫米波网络提出了一个无人机位置和反射系数联合优化问题，采用 Q 学习和基于神经网络的 RL 方法建模传播环境，以最大化下行传输能力，证明了使用基于 RL 的无人机－RIS 部署取得了优异的性能。文献［13］中，Huang 等人在单个 RIS 辅助 AP 的室内通信环境中设计了一个有效的在线无线配置问题，作者利用 DL 输出最优相位配置，以最大限度地提高系统吞吐量。文献［14］中，Ma 等人在 RIS 辅助 BS 的通信系统中利用 FL 进行分布式速率优化，在可实现系统速率方面有显著的性能提高。尽管如此，上述工作已经通过地面 BS 对单个 RIS 辅助的点对点通信进行了研究，以往文献中的成果不能简单地扩展到多个 RIS 辅助的无线网络。

　　现有工作总结见表 7-1。

表 7-1　现有工作总结

参考文献序号	算法	主要工作
［8］	SCA	联合优化开关状态和反射系数
［9］	MMSE，MM	能量效率和频谱效率间的非平凡权衡
［4］	SDR，Dinkelbach	解耦和交替优化
［5］	SDR，BR	最小化网络功耗（包括 RIS 电路功率）
［10－12］	RL	最大化平均能量效率/容量
［11－13］	DL	减小传输开销、最大化吞吐量
［14］	FL	最大化可实现速率

7.1.2 存在的问题与技术难点

对于 RIS 支持的场景，如安全通信、吞吐量改进和虚拟视距链路构建，反射效率的优化是必不可少的。基于凸优化的 RIS 反射系数设计和波束成形的联合优化方面已经有了一些积极的结果。然而，单一的 RIS 并不足以支持任务密集型场景（例如，体育场、音乐会）的需求，这就需要考虑一组 RIS。此时，优化任务转化为计算密集型，也就是说，基于凸优化的方法的计算开销负担不起，这对 RIS 辅助通信系统的实时性能和鲁棒性提出了巨大的挑战。

在此背景下，深度学习由于其引人注目的端到端映射特性，被引入 RIS 辅助无线通信系统的设计中。然而，DL 的训练过程要求所有的训练数据都被收集，并存储在一个特定的设备上，该设备被称为中央服务器。同时，训练数据量普遍较大，意味着当通信环境不理想时，可能会造成意外的传输负担，甚至拥塞或中断，从而极大地影响网络的训练效果。此外，这种集中的收集模式在某些情况下会导致隐私泄露的风险。因此，如何在计算密集型和传输密集型之间找到一个令人满意的折中方案是一个具有挑战性的问题。

7.2 联邦学习使能 RIS 通信系统的能量效率分析

对于 7.1.2 节中所提的技术难点，联邦学习是一种解决方案，也就是说，每个参与者利用自己的数据训练本地模型，并发送更新后的模型参数进行聚合，而不是将原始数据发送到中央服务器。这使 FL 可以显著降低传输负担和隐私泄露的风险。同时，FL 也保持了上述 DL 的优势。

本节介绍文献 [15] 中考虑的室内毫米波下行通信，其中一个 AP 由多个 RIS 辅助，以确保高密度单天线用户的频繁服务。基于室内场景，文献 [15] 建立了一个高效的联邦深度学习（Federated Deep Learning，FDL）框架，实现了多个 RIS 的并行配置。FDL 框架并行训练多个神经网络，保证了高移动性用户与相应 RIS 的无缝、即时连接。此外，与一些经典方法相比，该算法的计算复杂度更低，能源效率更高。具体来说，将加密的本地模型上传到联邦中央服务器，然后通过对上传的本地模型进行虚拟集成，在联邦中央服务器中训练全局模型。为了建立准确的能耗模型，对不同方案下的传输和计算开销进行了分析。

7.2.1 系统模型

7.2.1.1 信号模型

图 7-1 所示为一个多 RIS 辅助三维室内环境的二维俯视图。RIS 部署在室内

的墙上，测试点代表移动用户可能的位置坐标。为还原室内环境的复杂性，在 AP 和用户之间的直接链路上设置了一些障碍。多 RIS 的部署创造了 AP 和用户之间的虚拟直连链路，以通过绕过障碍来保持连接。

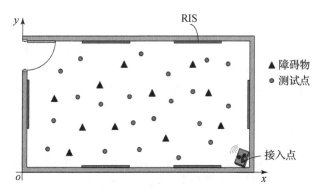

图 7 - 1　多 RIS 辅助三维室内环境的二维俯视图

如图 7 - 1 所示，$S = \{1, 2, \cdots, S\}$ 表示 S 个 RIS，用户总数为 K，假设每个 RIS 都可以覆盖全域，即每个用户都会受到所有 RIS 的帮助。因此，在图 7 - 2 中，以单 RIS 辅助 AP 服务于一组室内用户为例，展示了图 7 - 1 中通信网络的具体通信模型，对单个 RIS 辅助通信的分析可以扩展到多个 RIS 的情况。具体来说，一个具有 M 个发射天线的 AP 服务于 K 个单天线地面用户，并部署了具有 N 个反射元件的 RIS。此外，每个 RIS 都连接了一个智能控制器，负责数据存储、模型训练和 RIS 的重新配置。在实践中，计算服务器可以满足上述要求。

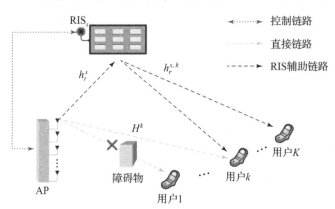

图 7 - 2　单 RIS 辅助 AP 的室内毫米波通信模型

AP 和用户 k 到第 s 个 RIS 的信道分别表示为 $\boldsymbol{h}_t^s \in \mathbb{C}^{N \times M}$ 和 $\boldsymbol{h}_r^{s,k} \in \mathbb{C}^{N \times 1}$，$\boldsymbol{H}^k \in \mathbb{C}^{1 \times M}$ 表示 AP 到用户 k 的直连信道。因此，用户 k 的接收信号表示为：

$$y_{k,a} = \left(\sum_{s=1}^{S} (\boldsymbol{h}_r^{s,k})^H \boldsymbol{\Theta}^s \boldsymbol{h}_t^s + \boldsymbol{H}^k \right) x + n^k \qquad (7-1)$$

式中，$n^k \sim \mathcal{N}(0,\sigma^2)$ 为加性高斯白噪声向量模型；$\boldsymbol{x}$ 为 AP 端的发射信号，可进一步写为：

$$\boldsymbol{x} = \sum_{k=1}^{K} \boldsymbol{\omega}_k s_k \tag{7-2}$$

式中，$\boldsymbol{\omega}_k \in \mathbb{C}^{M \times 1}$ 为 AP 处的波束成形向量；s_k 为传输给用户 k 的编码符号。

定义 $\boldsymbol{\Theta} = \text{diag}(\mu_1 e^{j\theta_1}, \mu_2 e^{j\theta_2}, \cdots, \mu_N e^{j\theta_N}) \in \mathbb{C}^{N \times N}$ 为 RIS 反射系数对角矩阵，其中，$\mu_n \in [0,1]$、$\theta_n \in [0,2\pi)$ $(n=1,2,\cdots,N)$ 分别是相应的第 n 个反射元件的幅度系数和相位。为简单起见，对幅度系数的影响进行了归一化处理（即 $\mu_1 = \mu_2 = \cdots = \mu_N = 1$）。

7.2.1.2　信道模型

文献［15］中采用了文献［16］中所提的 S-V（Saleh-Valenzuela）信道。S-V 信道模型是准确反映室内电磁分布特性的多径信道统计模型，采用 IEEE 标准 802.15.3c，可以描述 MIMO 通信或 RIS 辅助通信的时空特性。此外，AP 和 RIS 分别被建模为均匀线性阵列（Uniform Linear Array，ULA）和均匀平面阵列（Uniform Planar Array，UPA）。

基于此，信道 $\boldsymbol{h}_r^{s,k}$ 和 $\boldsymbol{H}^k$ 可以进一步表示为：

$$\boldsymbol{h}_r^{s,k} = \sqrt{\frac{NM}{L}} \sum_{l=0}^{L} \alpha_l \boldsymbol{\alpha}_{r,l}(\phi^s, \varphi^s) \boldsymbol{\alpha}_{t,l}^H(\psi^s) \tag{7-3}$$

$$\boldsymbol{H}^k = \sqrt{\frac{M}{L}} \sum_{l=0}^{L} \alpha_l \boldsymbol{\alpha}_{t,l}^H(\vartheta^k) \tag{7-4}$$

式中，L 为路径数；$\boldsymbol{\alpha}_{r,l}$ 和 $\boldsymbol{\alpha}_{t,l}$ 分别为 RIS 和 AP 在第 l 条路径的波束转向向量；ψ^s、$\vartheta^k \in \left[-\frac{\pi}{2}, \frac{\pi}{2}\right]$ 分别为 AP 到第 s 个 RIS 和到用户 k 的出发角；ϕ^s 和 φ^s 分别为第 s 个 RIS 处的到达角的方位角和仰角。

在固定坐标系下，$\boldsymbol{\alpha}_{r,l}(\phi^s, \varphi^s)$ 可以进一步推导为沿 y 轴和 z 轴的阵列响应组合：

$$\boldsymbol{\alpha}_{r,l}(\phi^s, \varphi^s) = \boldsymbol{\alpha}_{y,l}(\phi^s, \varphi^s) \otimes \boldsymbol{\alpha}_{z,l}(\varphi^s) \tag{7-5}$$

式中，$\otimes$ 为直积，并且

$$\boldsymbol{\alpha}_{z,l}(\varphi^s) = \sqrt{\frac{1}{N_z}} \left[1, e^{j\frac{2\pi}{\lambda}d\cos(\varphi^s)}, \cdots, e^{j\frac{2\pi}{\lambda}d(M_z-1)\cos(\varphi^s)}\right]^H \tag{7-6}$$

$$\boldsymbol{\alpha}_{y,l}(\phi^s, \varphi^s) = \sqrt{\frac{1}{N_y}} \left[1, e^{j\frac{2\pi}{\lambda}d\sin(\phi^s)\sin(\varphi^s)}, \cdots, e^{j\frac{2\pi}{\lambda}d(M_y-1)\sin(\phi^s)\sin(\varphi^s)}\right]^H \tag{7-7}$$

式中，λ 为波长；d 为 RIS 的天线间距。

7.2.1.3　问题公式化

基于式（7-1）～式（7-7），用户 k 处的信噪比可以表示为：

$$\gamma_k = \frac{\left| \left[\sum_{s=1}^{S} (h_r^{s,k})^H \boldsymbol{\Theta}^s h_t^s + H^k \right] \omega_k \right|^2}{\sum_{j \neq k}^{K} \left| \left[\sum_{s=1}^{S} (h_r^{s,k})^H \boldsymbol{\Theta}^s h_t^s + H^k \right] \omega_j \right|^2 + \sigma^2} \tag{7-8}$$

因此，该通信系统的总吞吐量可表示为：

$$R = \sum_{k=1}^{K} \log_2 (1 + \gamma_k) \tag{7-9}$$

文献［15］中的目标是以一种节能的方式优化多个 RIS，以进一步实现吞吐量的最大化。换句话说，这些 RIS 是通过利用 FDL 进行并行优化的。具体来说，由所有 RIS 共同建立一个 DNN 模型，以绘制用户分布与 RIS 的最优相移配置之间的关系。因此，目标函数如下：

$$\max(R, -E)$$
$$\text{s. t. } E = E^t + E^c, \tag{7-10}$$
$$\{ \boldsymbol{\Theta}_1, \boldsymbol{\Theta}_2, \cdots, \boldsymbol{\Theta}_S \}_{\text{opt}} = \arg \max_{\boldsymbol{\Theta}_1, \boldsymbol{\Theta}_2, \cdots, \boldsymbol{\Theta}_S} \sum_{k=1}^{K} \log_2 (1 + \gamma_k)$$

目标函数是一个二元组，由两部分组成：总吞吐量 R 的最大化和能量消耗 E 的最小化。总能量消耗包括传输能量消耗 E^t 和计算能量消耗 E^c，这在 7.2.2 节中详细分析。此外，7.2.2 节还将介绍能耗模型、训练数据集的组成和生成，以及 FDL 的具体过程。

7.2.2　基于联邦学习的多 RIS 并行配置优化

在本节中，介绍 FDL 框架来实现室内毫米波下行通信系统中多个 RIS 的最优配置。具体来说，文献［15］提出了基于 FDL 框架的 RIS DNN 算法和多 RIS FDL 算法来并行执行 RIS 的配置。然后从合成和生成等方面详细介绍了训练数据集。同时，对不同方案下的传输开销和计算开销进行了分析，建立了准确的能耗模型。

7.2.2.1　FDL 框架

整个 FDL 框架如图 7-3 所示，其中，RIS 并行地从联邦中央服务器获取每个本地模型更新。详细的模型更新过程描述如下：首先，每个 RIS 通过使用本地数据集来训练其局部模型；其次，所有 RIS 都将本地更新的模型上传到联邦中央服务器，以便执行模型聚合；再次，RIS 从联邦中央服务器下载并更新模型；最后，开始下一轮的训练，训练采用 FedAvg 算法[17]。FDL 框架主要由三个部分组成：局部模型训练；加密机制；模型聚合。具体介绍如下。

（1）局部模型训练：在第 i 个训练轮次，每个本地设备 s（即智能控制器，$s = 1, 2, \cdots, S$）利用自己的本地数据集 O_s 训练一个本地 DNN 模型 W_s^i。

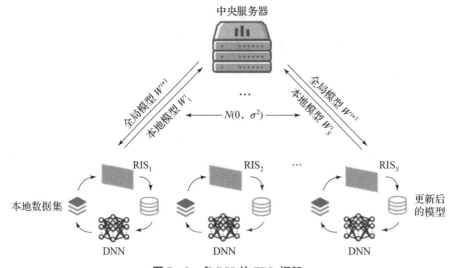

图 7 − 3 多 RIS 的 FDL 框架

（2）加密机制：在训练过程中，采用高斯机制[18]，通过在局部模型的梯度中加入高斯噪声来保护局部数据集。

（3）模型聚合：如图 7 − 3 所示，所有本地模型参数 $\boldsymbol{W}_1^i$，$\boldsymbol{W}_2^i$，…，$\boldsymbol{W}_s^i$ 通过一个额外的链路传输到中央服务器。然后通过聚合所有局部模型，生成第（$i+1$）训练轮的全局模型 $\boldsymbol{W}^{i+1}$。

具体来说，本地训练过程可以表示为：

$$\boldsymbol{W}_s^i = \boldsymbol{W}^i - \rho \nabla D_s(\boldsymbol{W}^i) \tag{7-11}$$

$$D_s(\boldsymbol{W}^i) = \frac{1}{|\boldsymbol{O}_s|}\sum_{j \in \boldsymbol{O}_s} d_j(\boldsymbol{\omega}) \tag{7-12}$$

$$d_j(\boldsymbol{\omega}) = \ell(\boldsymbol{x}_j, \boldsymbol{y}_j, \boldsymbol{\omega}) \tag{7-13}$$

在式（7 − 11）中，ρ 为学习速率；$\nabla D_s(\boldsymbol{W}^i)$ 为当前模型 $\boldsymbol{W}^i$ 下设备 s 本地数据的平均梯度；$|\boldsymbol{O}_s|$ 为设备 s 的数据尺度；d_j 为对数据样本（$\boldsymbol{x}_j, \boldsymbol{y}_j$）的预测损失；$l$ 为损失函数。

高斯机制作为一种典型的差异隐私方案，在有效保护本地数据集的前提下，可以保证模型的输出没有显著的统计差异。具体来说，在训练阶段，通过在隐藏层的梯度中注入高斯噪声来保护原始的本地模型，如下所示：

$$\nabla \hat{D}_s(\boldsymbol{W}^i) = \nabla D_s(\boldsymbol{W}^i) + N(0, \sigma_s^2) \tag{7-14}$$

式中，$\nabla \hat{D}_s(\boldsymbol{W}^i)$ 为加密的平均本地梯度；σ_s^2 为设备 s 的随机噪声功率，它是独立同分布的。

经过本地训练和加密后，所有本地模型将被传输到 AP 进行模型聚合：

$$W^{i+1} = \frac{1}{|o_s|} \sum_{s=1}^{S} |O_s| W_s^i \qquad\qquad (7-15)$$

式中，W^{i+1}为第 $(i+1)$ 训练轮的全局模型，将被下载到每个设备作为它们各自第 $(i+1)$ 训练轮的初始配置，即 $W_1^{i+1} = W_2^{i+1} = \cdots = W_S^{i+1} = W^{i+1}$。在每一轮通信中重复上述过程，直到收敛，最终得到最优的 DNN 模型 W_{opt}。

综上所述，算法 7-1 中给出了对多个 RIS 进行最优反映系数配置的 FDL 算法。

算法 7-1　多 RIS 并行配置的 FDL 算法

训练阶段：

for RIS $s = 1, 2, \cdots, S$ **do**

　　本地模型初始化：

　　$W_1^1, W_2^1, \cdots, W_S^1$

end

//重复，直到收敛

for RIS $s = 1, 2, \cdots, S$ **do**

　　在本地数据集 $O_1, O_2, \cdots, O_s$ 上训练本地模型 $W_1^i, W_2^i, \cdots, W_S^i$ 为式（7-11）~ 式（7-13）；

　　本地模型加密为式（7-14）；

　　上传本地模型并聚合为式（7-19）；

　　将全局模型 W^{i+1} 广播给所有 RIS，作为下一轮训练的初始配置；

end

推理阶段：

for 用户 $k = 1, 2, \cdots, K$ **do**

　　将当前的坐标发送到 AP；

end

AP：将坐标包广播给所有的 RIS

$\Omega = \{(x_1, y_1), (x_2, y_2), \cdots, (x_K, y_K)\}$

for RIS $s = 1, 2, \cdots, S$ **do**

　　加载最优的 DNN 模型 W_{opt}；

　　利用输入的 Ω 预测最优反射向量 $\tilde{\Theta}_s$；

　　根据 $\tilde{\Theta}_s$ 配置每个表面单元；

end

7.2.2.2 DNN 与训练数据集

为了使系统的吞吐量最大化，需要调整每个 RIS，以实现最佳的相移配置 $\{\boldsymbol{\Theta}_1, \boldsymbol{\Theta}_2, \cdots, \boldsymbol{\Theta}_S\}_{\mathrm{opt}}$。因此，有必要建立用户与 RIS 反射系数矩阵之间的映射关系。

详细地说，DNN 的输入是一个关于 K 个用户的坐标信息束，即 $\boldsymbol{\Omega} \triangle \{(x_1, y_1), (x_2, y_2), \cdots, (x_K, y_K)\}$。实际上，坐标信息与 7.2.1 节中提到的信道状态信息相关，该信息与收发机的空间位置高度相关。在实际操作中，这些用户的位置坐标是从一个包含所有可能的位置点的集合中随机选择的。对于 DNN 的输出，即训练数据的标签，$\boldsymbol{\Theta}_{\mathrm{opt}}$ 是 RIS 的最优反射系数矩阵。为了便于设计模型和减少计算冗余，将 $\boldsymbol{\Theta}$ 向量化为 $\tilde{\boldsymbol{\Theta}}$，即 $\boldsymbol{\Theta} = \mathrm{diag}(\tilde{\boldsymbol{\Theta}})$。因此，第 s 个 RIS 的本地数据集可以表示为：

$$\boldsymbol{\Psi}_s = \{(\boldsymbol{\Omega}^1, \tilde{\boldsymbol{\Theta}}^1), (\boldsymbol{\Omega}^2, \tilde{\boldsymbol{\Theta}}^2), \cdots, (\boldsymbol{\Omega}^{|o_s|}, \tilde{\boldsymbol{\Theta}}^{|o_s|})\} \tag{7-16}$$

最后一个问题是训练标签 $\tilde{\boldsymbol{\Theta}}$ 的获得。采用了离散傅里叶变换码本的穷举搜索方法。RIS 沿 y 轴的 DFT 矩阵（与 z 轴类似）被定义为：

$$\mathrm{DFT}_{N_y} = \begin{pmatrix} 1 & 1 & \cdots & 1 \\ e^{j\pi \sin(\xi_0)} & e^{j\pi \sin(\xi_1)} & \cdots & e^{j\pi \sin(\xi_{N_y-1})} \\ e^{j\pi 2\sin(\xi_0)} & e^{j\pi 2\sin(\xi_1)} & \cdots & e^{j\pi 2\sin(\xi_{N_y-1})} \\ \cdots & \cdots & \cdots & \cdots \\ e^{j\pi(N_y-1)\sin(\xi_0)} & e^{j\pi(N_y-1)\sin(\xi_1)} & \cdots & e^{j\pi(N_y-1)\sin(\xi_{N_y-1})} \end{pmatrix} \tag{7-17}$$

N_y 是分布在 y 轴上的 RIS 元素的数量。每个 ξ 代表在 RIS 的 y 轴上的一个 AoA，它在间隔 $\left[-\dfrac{\pi}{2}, \dfrac{\pi}{2}\right]$ 之间变化，即 $\xi_0 = -\dfrac{\pi}{2}$ 和 $\xi_{N_y-1} = \dfrac{\pi}{2}$。因此，两个相邻的入射角的正弦值之间的差值为 $\dfrac{2}{N_y}$，天线间距设置为 $\dfrac{\lambda}{2}$，该 DFT 矩阵的角度分辨率可以得到为：

$$\xi_{\mathrm{res}} = \arcsin\left(\frac{2}{N_y}\right) \tag{7-18}$$

根据上述描述，DFT 码本 Λ_{RIS} 可以表示为：

$$\Lambda_{\mathrm{RIS}} = \mathrm{DFT}_{N_y} \otimes \mathrm{DFT}_{N_z} \tag{7-19}$$

对 Λ_{RIS} 的穷举搜索过程可以描述为：

$$\tilde{\boldsymbol{\Theta}} = \mathrm{vec}\left(\underset{\boldsymbol{\Theta} \in \Lambda_{\mathrm{RIS}}}{\arg\max} \sum_{k=1}^{K} \log_2(1 + \gamma_k)\right) \tag{7-20}$$

式中，$\mathrm{vec}(\cdot)$ 为向量化操作。

由于输入和输出都是向量，因此选择了 MLP 作为基本的 DNN 结构。具体地说，采用了图 7 - 4 所示的五层 MLP，由一个输入层、三个隐藏层和一个输出层组成。对于输入层的维数，可以根据 K 来确定，所有隐藏层均为全连接层，输出层为回归层。第 i 层神经元数记为 $Z = \{Z_i\}_{i=1,2,3,4,5}$。此外，还选择了 $\tanh(\cdot)$ 作为激活函数。在前向传播阶段，分别使用 K 个用户的坐标组合和相应的最优反射向量 $\tilde{\boldsymbol{\Theta}}$ 作为输入和输出。此外，还采用 RMSE 准则来衡量真实输出与标签之间的误差，即：

$$\ell = \left(\frac{1}{\zeta} \sum_{j=1}^{\zeta} \| \tilde{\boldsymbol{\Theta}}_{\text{out}}^{j} - \tilde{\boldsymbol{\Theta}}^{j} \| \right)^{\frac{1}{2}} \tag{7-21}$$

式中，ζ 为测试集的大小；$\tilde{\boldsymbol{\Theta}}_{\text{out}}$ 为 DNN 的真实输出。同时，采用 SGD 算法进行梯度下降。

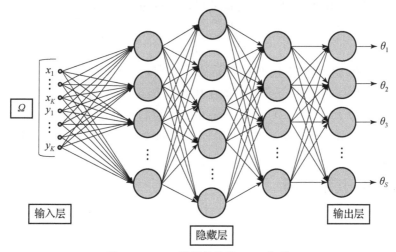

图 7 - 4　RIS 配置优化的 DNN 架构

在推理阶段，每个 RIS 控制器 s，$s = 1, 2, \cdots, S$ 加载最优模型 W_{opt}，可以得到最优反射组合 $\{\tilde{\boldsymbol{\Theta}}_1, \tilde{\boldsymbol{\Theta}}_2, \cdots, \tilde{\boldsymbol{\Theta}}_S\}$。所有 RIS 都可以调整每个元素的相移，实现式 (7 - 10) 的吞吐量最大化。

7.2.2.3　能耗模型

本节分别介绍基于 DL 和 FDL 的两种不同方案的能耗分析。总能耗记为：

$$E = E^{\text{t}} + E^{\text{c}} \tag{7-22}$$

式中，主要包括传输能耗 E^{t} 和计算能耗 E^{c} 两部分。

为了简洁性和通用性，假设每个 RIS 和 AP 之间的控制链路的数据速率是相同的，并记录为 r_{t}。在两种不同方案下的传输能耗可以写为：

$$E_{\mathrm{DL}}^{\mathrm{t}} = \frac{P_{\mathrm{tr}} Q_{\mathrm{DL}}}{r_{\mathrm{t}}} \qquad (7-23)$$

$$E_{\mathrm{FDL}}^{\mathrm{t}} = \frac{P_{\mathrm{tr}} Q_{\mathrm{FDL}}}{r_{\mathrm{t}}} \qquad (7-24)$$

式中，P_{tr} 为 AP 通过控制链路的最大传输功率；Q 为训练过程中传输的总符号数，可以进一步表示为：

$$Q_{\mathrm{DL}} = \left(\sum_{s=1}^{S} |\boldsymbol{O}_s| \right) |(\boldsymbol{\Omega}, \tilde{\boldsymbol{\Theta}})| + |\boldsymbol{W}| S \qquad (7-25)$$

$$Q_{\mathrm{FDL}} = 2 |\boldsymbol{W}| T_{\mathrm{FDL}} S \qquad (7-26)$$

式中，对于 Q_{DL}，第一项为从所有 RIS 到 AP 的数据集传输任务；第二项为模型训练后的下载任务；$|(\boldsymbol{\Omega}, \tilde{\boldsymbol{\Theta}})|$ 和 $|\boldsymbol{W}|$ 为 $\boldsymbol{O}_s$ 中的一个数据点和 $\boldsymbol{W}$ 的参数数量，将在 7.2.3 节中准确计算；T_{FDL} 为基于 FDL 的模型收敛所需的通信轮数。

另外，基于 DL 和 FDL 的计算能耗可以表示为：

$$E_{\mathrm{DL}}^{\mathrm{c}} = T_{\mathrm{DL}} P_{\mathrm{com}} \qquad (7-27)$$

$$E_{\mathrm{FDL}}^{\mathrm{c}} = t_{\mathrm{lo}} T_{\mathrm{FDL}} S P_{\mathrm{com}} \qquad (7-28)$$

式中，T_{DL} 为在 DL 方案下模型收敛所需的总时间。在本地设备上执行的单轮训练时间表示为 t_{lo}。此外，一个设备在执行训练任务时的总功率为 P_{com}。在式（7-27）和式（7-28）中，假设所有的 RIS 控制器都是齐次的（即具有相同的计算性能）。此外，模型聚合在 AP 处所消耗的能量也被忽略了，因为它只涉及少量的线性操作。

7.2.2.4　计算复杂度

在本小节中，首先介绍该算法的计算复杂度。具体地说，基于 FDL 的算法在推理阶段的时间复杂度可以表示为：

$$\mathcal{O} \left(\sum_{i=1}^{4} Z_i Z_{i+1} + Z_{i+1} \right) \qquad (7-29)$$

值得注意的是，基于 DL 的算法和基于 FDL 的算法在推理阶段的时间复杂度是相同的。然而，基于半定松弛（Semi-Definite Relaxation，SDR）的算法和拉格朗日对偶分解（Lagrange Dual Decomposition，LDD）的计算复杂度约为 $\mathcal{O}(N^6)$ [19,23]。对于交替方向乘子法（Alternating Direction Method of Multipliers，ADMM）[19]，时间复杂度为 $\mathcal{O}(N^3)$，N 表示 RIS 元素的个数。

相比之下，基于 FDL 的算法在计算复杂度方面具有显著的优势。

7.2.3　仿真结果与分析

本节首先介绍仿真参数的设置，包括本地数据集、$|(\boldsymbol{\Omega}, \tilde{\boldsymbol{\Theta}})|$、$|\boldsymbol{W}|$ 等参数

的计算。然后通过测试精度和 DL 与 FDL 收敛性能的比较，揭示了 FDL 的合理性。此外，仿真结果验证了 FDL 在能源效率方面优于 DL，以及 FDL 在吞吐量最大化方面的有效性。

7.2.3.1 仿真设置

使用开放数据集 DeepMIMO[20] 生成本地数据集，O_1，O_2，$\cdots$，O_S，并选择 "O1" 场景。DeepMIMO 是一个开放的真实数据集，它精确地描述了给定区域内真实的电磁相互作用特性。此外，DeepMIMO 基于射线追踪技术，这意味着它是三维建模，广泛应用在之前的许多工作[21,22]。如图 7-5 所示，RIS 7、RIS 9、RIS 10 被用作 RIS，用户网格由从 R1650 到 R2200 的用户点组成。对于每个数据点（Ω，$\tilde{\Theta}$），在用户网格中随机选择 Ω 的 K 个坐标，这意味着这些数据点服从独立同分布。在（R2000，90）处的发射器被作为 AP。同时，DeepMIMO 中的每个数据点都包括两个方面：坐标信息和 CSI（即 h_r^s、h_t^s 和 H^k）。因此，根据式（7-19）和式（7-20）可以得到最优的反射向量 $\tilde{\Theta}$。所有 RIS 的单元数量均设置为 $N = 400$（即 $N_y = N_z = 20$），用户数为 $K = \{2,4,6,8,10,12\}$。假设每个本地数据集的规模是相同的，即 $|O_1| = |O_2| = \cdots = |O_S| = 5\ 000$，其中，80% 是训练集，20% 是测试集，测试集没有完全参与训练过程。此外，AP 通过控制链路的发射功率设置为 P_{tr}。控制链路的数据速率为 $r_t = 0.5$ Mb/s。其余的本地数据集参数汇总在表 7-2 中。

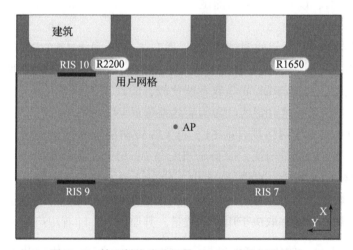

图 7-5 基于射线追踪场景 "O1" 的数据集构建

对于 $|(\Omega, \tilde{\Theta})|$ 和 $|W|$，它们可以分别计算为 $2K + N$ 和 $\sum_{i=1}^{4} (\kappa Z_i Z_{i+1} + 1)$。$\kappa = 0.5$ 为两层之间的随机失活概率，Z_i 为第 i 层神经元数，设为 $Z = \{2K, 64, 256, 512, N\}$。$Z_i Z_{i+1}$ 和 Z_{i+1} 表示权重和偏差的符号数量。

表7-2 本地数据集参数

参数	值
系统带宽/MHz	100
工作频率/GHz	28
OFDM 限制	1
采样因子	1
路径数量（L）	5
天线增益/dBi	3

7.2.3.2 仿真结果与分析

FDL 算法对多个 RIS 的测试精度如图7-6所示。这个仿真执行了1 000 轮次通信，在一个通信轮次中，每个客户端执行20代来学习本地数据集。本地更新的批处理大小为200，学习率设置为0.01。经过200轮次通信后，该FDL框架的测试精度达到95.22%。

FDL 框架和 DL 框架的测试损耗

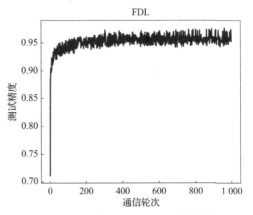

图7-6 FDL 算法对多个 RIS 的测试精度

如图7-7所示。显然，FDL 算法在150轮次通信后收敛，FDL 的训练损失稳定到0.18。同时，通过与DL的收敛性能比较，验证了FDL算法的合理性。可见，FDL 可以根据收敛速度和最终收敛值有效地逼近 DL。

对于与真实无线网络耦合的 FL，更关注传输能耗和频谱占用。因此，记录了传输开销和传输能量消耗，以验证 FDL 与 DL 相比在能量效率方面的优势，如图7-8和图7-9所示。在图7-8中，分别绘制了不同 RIS 数量和用户数量下的多组实验数据。以 $K=100$、$S=10$ 为例进行实验，传输符号的数量随 RIS 的数量呈线性增加，而斜率取决于用户的数量。其原因是，随着用户数 K 的增加，每个数据点 $|(\Omega, \tilde{\Theta})|$ 的传输符号也相应增加。相反，FDL 在传输开销方面并没有显著的变化。虽然随着本地设备数量的增加，传输负担也会增加，但通信轮数也会相应减少，这将抵消负面影响。如图7-9所示，当 K 为 500 时，FDL 的最低传输能耗仅为 DL 的 1/36。

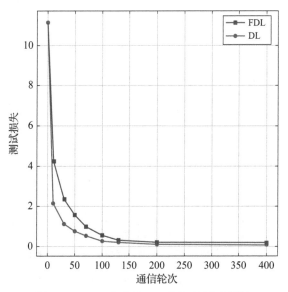

图 7 - 7　FDL 框架和 DL 框架的测试损耗

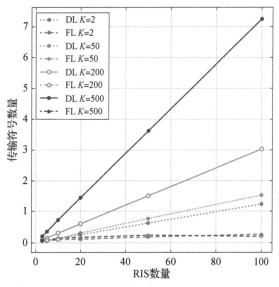

图 7 - 8　FDL 框架和 DL 框架的传输开销（附彩插）

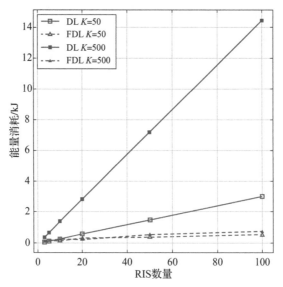

图 7-9 FDL 框架和 DL 框架的传输能量消耗

此外，图 7-10 还证明了该基于 FDL 的算法在计算能量消耗方面的优越性。具体来说，计算了 FDL 方法的一个完整推理阶段的总能量消耗。同时，将这一结果与一些最先进的方法进行了比较，包括 ADMM、块坐标下降（Block Coordinate Descent，BCD）和 SCA[19]。控制器 CPU 的功率和频率分别设置为 100 W 和 3 GHz。如图 7-10 所示，与其他算法相比，基于 FDL 的算法完成一个推理过程

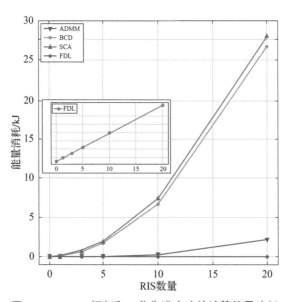

图 7-10 FDL 框架和一些先进方法的计算能量消耗

所需的能量非常低。原因正如在式（7 - 29）中分析的，所需的 CPU 周期数量与 RIS 元素的数量线性增加。与其他算法相比，基于 FDL 的算法计算复杂度降低了一个数量级。因此，为了更清楚地展示基于 FDL 算法的能耗趋势，在图 7 - 10 中插入了一个子图。如子图所示，基于 FDL 的算法对于有 20 个 RIS 的场景只需要 0.018 kJ 来完成一个完整的优化过程，证明了其在能源效率方面的巨大优势。

最后，图 7 - 11 展示了不同方案下的网络总吞吐量随用户数的变化。具体来说，给出了一个使用标签 $\tilde{\Theta}$ 进行计算的基准来进行比较，它也代表了学习方案的上界。此外，还采用了随机更新策略和基于 SDR 的算法[23]进行了比较。可以看出，基于 FDL 算法所实现的系统总吞吐量可以达到上限的 93%，并且可以有效地接近基于 DL 算法和 SDR 方法的结果。但是，当 K 超过 100 时，总吞吐量将不再增加，甚至不再减少。主要有两个原因：①DFT 码本 Λ_{RIS} 的角度分辨率 ξ_{res} 对于如此大的用户组不够精确；②单元内干扰太严重。此外，由于反射向量 $\tilde{\Theta}$ 的无限状态空间，SDR 算法得到的结果不会出现下降趋势，这与具有离散值的 DFT 码本不同。

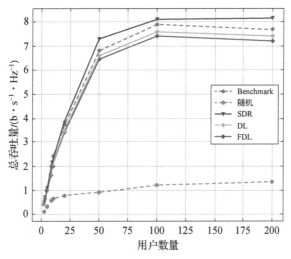

图 7 - 11　FDL 框架和一些先进方法的总吞吐量

参 考 文 献

[1] Misra S, Roy S K, Roy A, et al. MEGAN: Multipurpose energy - efficient, adaptable, and low - cost wireless sensor node for the Internet of Things [J]. IEEE System Journal, 2020, 14 (1): 144 - 151.

[2] Huang C, Zappone A, Alexandropoulos G C, et al. Reconfigurable intelligent surfaces for energy effiency in wireless communication[J]. IEEE Transaction on Wireless Communication, 2019, 18(8):4157 – 4170.

[3] Hua S, Zhou Y, Yang K, et al. Reconfigurable intelligent surfaces for green edge inference[J]. IEEE Transaction on Green Communication Networks, 2021, 5(2): 964 – 979.

[4] Jia S, Yuan X, Liang Y C. Reconfigurable intelligent surfaces for energy efficiency in D2D communication networks[J]. IEEE Wireless Communication Letters, 2021, 10 (3):683 – 687.

[5] Sun S, Fu M, Shi Y, et al. Towards reconfigurable intelligent surfaces powered green wireless networks[C]. IEEE Wireless Communication Network Conference, Seoul, South Korea, 2020:1 – 6.

[6] Zhou S, Xu W, Wang K, et al. Spectral and energy efficiency of IRS – assisted MISO communication with hardware impairments [J]. IEEE Wireless Communication Letters, 2020, 9(9):1366 – 1369.

[7] Xiong J, You L, Ng D W, et al. Energy efficiency and spectral efficiency tradeoff in RIS – aided multiuser MIMO uplink systems [C]. IEEE Global Communication Conference, Taibei, Taiwan, 2020:1 – 6.

[8] Yang Z, Chen M, Saad W, et al. Energy – efficiency communications with distribued reconfigurable intelligent surfaces[J]. IEEE Transaction on Wireless Communication, 2021, 21(1):665 – 679.

[9] You L, Xiong J, Ng D W, et al. Energy efficiency and spectral efficiency tradeoff in RIS – aided multiuser MIMO uplink systems [J]. IEEE Transaction on Signal Process, 2021(69):1407 – 1421.

[10] Lee G, Jung M, Kasgari A T, et al. Deep reinforcement learning for energy – efficiency networking with reconfigurable intelligent surfaces[C]. IEEE International Conference on Communication, Dublin, Ireland, 2020:1 – 6.

[11] Khan S, Khan K S, Haider N, et al. Deep – learning – aided detection for reconfigurable intelligent surfaces[J]. arxiv:1910. 09136, 2020.

[12] Zhang Q, Saad W, Bennis M. Reflections in the sky: Millimeter wave communication with UAV – carried intelligent reflectors[C]. IEEE Global Communication Conference, HI, USA, 2019:1 – 6.

[13] Huang C, Alexandropoulos G C, Yuen C, et al. Indoor signal focusing with deep learning designed reconfigurable intelligent surfaces [C]. IEEE International

Workshop Signal Process Advanced in Wireless Communication, Cannes, France, 2019:1 −5.

[14] Ma D, Li L, Ren H, et al. Distributed rate optimization for intelligent reflecting surfaces with federated learning[C]. IEEE International Conference on Communications Workshops, Dublin, Ireland, 2020:1 −6.

[15] Li L, Ma D, Ren H, et al. Toward energy − efficient multiple IRSs: Federated learning − based configuration optimization[J]. IEEE Transaction on Green Communication Networks, 2021, 6(2):755 −765.

[16] El Ayach O, Rajagopal S, Abu − Surra S, et al. Spatially sparse precoding in millimeter wave MIMO systems[J]. IEEE Transaction on Wireless Communication, 2014, 13(3):1499 −1513.

[17] McMahan B, Moore E, Ramage D, et al. Communication − efficient learning of deep networks from decentralized data[J]. Artificial Intelligence and Statistics, 2017 (54):1273 −1282.

[18] Zhao J, Chen Y, Zhang W. Differential privacy preservation in deep learning: Challenges, opportunities and solutions[J]. IEEE Access, 2019(7):48901 −48911.

[19] Guo H, Liang Y C, Chen J, et al. Weight sum rate maximization for intelligent reflecting surfaces enhanced wireless networks[C]. IEEE Global Communication Conference, Waikoloa, HI, USA, 2019:1 −6.

[20] Alkhateeb A. DeepMIMO: A generic deep learning dataset for millimeter wave and massive MIMO applications[J]. arxiv:1902.06435, 2019.

[21] Taha A, Alrabeiah M, Alkhateeb A. Enabling large intelligent surfaces with compressive sensing and deep learning[J]. IEEE Access, 2021(9):44304 −44321.

[22] Hojatian H, Nadal J, Frigon J F, et al. Unsupervised deep learning for massive MIMO hybrid beamforming[J]. IEEE Transaction on Wireless Communication, 2021, 20(11):7086 −7099.

[23] Wu Q, Zhang R. Intelligent reflecting surfaces enhanced wireless network: Joint active and passive beamforming design[C]. IEEE Global Communication Conference, Abu Dhabi, United Arab Emirates, 2018:1 −6.

第 8 章

新型智能超表面技术

8.1 反射和透射一体的智能超表面

目前大部分的 RIS 的工作模式仅支持仅反射或仅透射模式中的一种，本节将介绍一种新型的融合反射和透射功能于一体的全向智能超表面技术（Simultaneously Transmitting and Reflecting Surface，STARS）。相比单一功能的 RIS，STARS 可以实现 360°的覆盖和具有更多的调节自由度等优点[1-3]。与此同时，其硬件实现和物理原理也更加复杂。

在未来的无线通信网络中，STARS 在室内、外均拥有许多的应用场景。其中最有潜力的应用之一即是提升无线网络的覆盖面积和信号质量，这是因为 STARS 对于提升室内、外的信号连接性有着革命性的作用。尤其是对于毫米波等高频段的电磁信号，其穿透、绕过墙壁等障碍的能力很弱，将 STARS 部署在墙体或窗户上，并对透射信号进行波束赋形，可以大大提高室内外信号的连通性。同时，对于室内或室外的通信场景，STARS 也可以被部署到汽车、飞机或室内墙体中，其全方位的信号覆盖能力是单一反射/透射式 RIS 所无法实现的。在具体的通信应用方面，首先，基于 STARS 的 NOMA 是一个具有潜力应用方向。考虑到传统 NOMA 通信中可实现的通信性能增益很大程度上取决于用户之间信道条件的差异性。因此，可以利用 STARS 对反射和透射信号进行能量分割，增加反射用户和透射用户的信道条件差异，由此构建 STARS 增强的"反射－透射"NOMA 通信系统。其次，STARS 增强的全空间物理层安全通信是另一个应用方向。利用 STARS 提供的 360°重构传输信道，无论窃听者处于空间任何位置，STARS 都可在一个或多个窃听方向上的有用信号强度进行削弱，实现保密传输。未来，STARS 还有更多的应用场景，如 STARS 增强的无线能量传输、可见光通信和通信感知一体化技术等。

8.1.1　STAR 硬件设计与调控

与传统 RIS 类似，调控 STARS 主要靠控制其电磁单元的表面阻抗来实现，进而控制入射信号在其表面激发的表面电流的分布、强度与相位。而对于 STARS，调控反射和透射系数的关键在于其电磁单元不仅需要支持电流，还需要支持磁流（即涡旋电流）。对于 STARS 的硬件实现，主要可以分为阵列式和超材料式两种[4]。阵列式的结构类似于传统的反射式天线阵列，主要由多个电磁单元周期性排列而成。其电磁单元大小往往在厘米量级，因此，其每个电磁单元内可以容纳二极管、电容、电感等调节器件。对基于超材料电磁单元的调节往往需要直接控制对应材料的电磁特性。例如，对于单层或多层石墨烯，可以通过调节其电导率来控制各层的反射、透射系数。

任意一个 STARS 单元可以处于纯反射状态（R mode）、纯透射状态（T mode）或叠加态（T&R mode）。与纯反射式 RIS 相比，STARS 的每个单元都有着更多的可调节自由度，这也极大增加了其调相的复杂度。为了便于整体优化，这里给出三种基本的调控机制：能量分割、模式切换和分时切换[5]。

能量分割（Energy splitting）：此模式下，所有 STARS 电磁单元处于反射和透射叠加态，每个电磁单元具有独立可调的信号幅度和相位控制。此模式虽然具有较高的调节复杂度，但是可以获得最佳的 STARS 波束赋形增益。

模式切换（Mode switching）：此模式下，STARS 的单电磁元分为两组，各组的电磁单元只工作在纯反射状态或纯透射状态下。与能量分割模式相比，此模式的优点是更加便于实际实施。当所有电磁单元完成分组后，模式切换 STARS 可以看作由反射式 RIS 和透射式 RIS 组合而成。然而由于并不是所有电磁单元都参与了反射和透射，此模式的缺点是无法获得最大的波束赋形增益。

分时切换（Time switching）：此模式下，整个 STARS 周期性地交替于纯反射状态和纯透射状态之间。这样的设计使反射信号过程与透射信号过程的通信设计优化相互独立，然而，该模式需要频繁地切换电磁单元的工作模式，因此对时钟同步的要求较高。

8.1.2　基于 STARS 的三维定位

反射式 RIS 只能为其正前方的用户提供通信和定位服务，位于其背面的用户无法得到支持和帮助。随着 STARS 的引入，服务背面用户将成为现实。STARS 可以支持 360°的覆盖，支持反射和折射双模式工作。STARS 非常适合用于室内和室外的定位，它可以同时使用反射和折射来提高定位系统的准确度。在 STARS 的辅助下，室外基站可以同时对室外用户和室内用户进行定位。在这个系统中，室外用户和 BS 之间存在两条路径，即一条直射 LoS 路径和一条通过 STARS 的反射路径。对于室内用户来说，只存在一条通过 STARS 的折射路径。通过控制 STARS 反射和折射控制矩阵及两种模式的功率分配，可以同时满足室内和室外用户的 QoS 要求。对于高导频开销情形，文献 [6] 优化了两个控制矩阵。基于不同类型 RIS 三维定位的总结见表 8 – 1。

表 8 – 1   基于不同类型 RIS 三维定位的总结

RIS 类型	RIS 数量	定位方法	覆盖范围/(°)	准确度
分布式接收 RIS[7]	≥3	基于角度	180	高
集中式接收 RIS[8]	≥1	基于角度	180	高
被动式 RIS[9]	≥2	基于角度	180	中等
STARS[10,11]	≥1	混合	360	中等

8.2   有源智能超表面

通过将有源功率放大器集成在智能超表面单元中，RIS 具有对空间电磁波进行二次场增强调控的能力，并利用数字编码技术对功率放大器的状态进行数字离散化调控，从而实现动态调控超表面的辐射远场波束[12]。该增强式调控功能将为 RIS 在链路信道增强、覆盖半径的提升、小型化及提高系统转换效率方面提供必要的基础支撑。

结合功率放大器的高功率耐受特点，集成有源功率放大器的智能超表面具备空间功率传输的功能，当采用时空编码量化矩阵的数字调制方式对功率放大器件进行周期性的开关切换时，超表面具有增强模式的非线性谐波波束调控特性，并将能量及信息赋予不同谐波波束，可以实现能量与信息的同时传输，为 RIS 在智能携能通信系统中的进一步应用奠定了坚实的基础。

克服 RIS "乘性衰落"效应这一难题，即 RIS 反射链路的路径损耗为发射机到 RIS 和 RIS 到用户这两段子链路路径损耗的乘积，清华大学团队提出了有源 RIS 及其对应的信号模型和系统设计方法[13]。有源 RIS 通过在每个（或部分）RIS 单元中集成反射式有源功率放大器，如图 8 – 1 所示，对反射信号同时进行相位调控和高增益放大，从而补偿乘性衰落带来的路损。3.5 GHz 频段 64 单元有源 RIS 辅助的无线通信原型验证平台实测结果表明，有源 RIS 可产生高增益的反射波束，相比于金属板，可提高接收信号功率约 10 dB 以上，实现了显著的接收功率提升。不同于无源 RIS 被动反射时可忽略热噪声，有源 RIS 在放大被反射信号的同时，也将额外引入并放大不可忽略的热噪声。

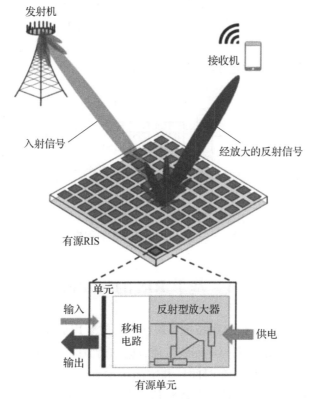

图 8 - 1　有源 RIS 对反射信号同时进行相位调控和高增益放大

8.3　基于 RIS 的新型大规模天线

由于毫米波路损较大，一般需要通过更大规模的天线阵列，以获得更高的阵列赋形增益来弥补路径损耗。受限于成本、功耗、散热等，大规模的天线阵列通常采用数模混合波束赋形架构。RIS 可以更低的成本、功耗实现更小体积、质量的大规模天线阵列。

使用 RIS 替代基站的传统相控阵天线，可以显著降低基站的成本和功耗，基于 RIS 的发射机架构如图 8 - 2 所示。此外，通过数字编码对 RIS 进行智能调控，可以实现更为灵活的波束赋形效果，获得更大的波束扫描角度。大量的 RIS 单元还可以进一步提升 RIS 的波束赋形精度。将 RIS 用作发射机的模拟天线阵列，替代数模混合波束赋形架构中的全部或部分模拟阵列，信号处理基带部分仍然在

RIS 之外进行。通信时，基站使用数字天线阵列将信号发射到基站配备的 RIS 阵面上，信号经由 RIS 阵面反射/透射后到达目标用户。与传统的天线阵列相比，使用现有的反射/透射型 RIS 作为模拟天线阵列，可能无法直接通过线路与基站的射频电路相连，而是通过空口进行连接。值得注意的是，RIS 作为发射机的模拟天线阵列，一般距离基站较近，因此，可以不考虑定义新的空中接口。由于 RIS 是基站的一部分，也不会改变系统的网络架构。

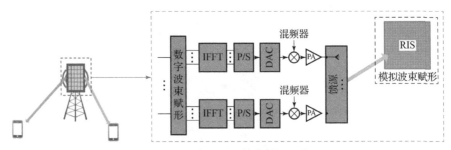

图 8-2　基于 RIS 的发射机架构

8.4　基于 RIS 的收发机

RIS 可以实现无线通信复用技术，构建多模式复用的发射机。加载特定时空编码的 RIS 可用于精准地调控电磁波传播方向和谐波能量分布，集能量辐射和信息调制功能于一体，同时，在时间域和空间域编码并处理数字信息，如图 8-3 所示。通过优化时空编码矩阵，可以将信息直接加载到电磁波的空间谱和频率谱

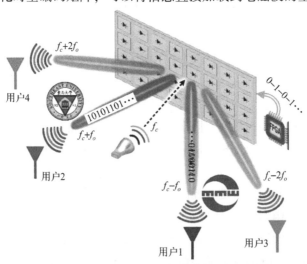

图 8-3　基于 RIS 的空分和频分复用发射机设计

特征上，来实现空分和频分复用的多通道无线通信[14]。基于时空编码 RIS 实现的新体制复用无线通信发射机，具有低成本和简单架构的优势，省去了传统空分和频分复用技术中所需的天线阵列、混频器、滤波器等射频部件。根据目标用户数量和空间位置，采用直接信息编码方案的 RIS 可以同时、独立地向多用户进行实时信息传输，无须数模转换和混频过程；并且具备方向调制和安全通信的特性，在非目标位置的用户无法正确解调信息。这种时空编码 RIS 提供了一种低成本和低复杂度的方案来实施空分和频分复用技术，可以实现 RIS 收发机使能的上下行多用户通信设计以及 RIS 收发机赋能的计算和通信网络设计等[15-17]，为新体制无线通信发射机设计提供了思路。

此外，通过将不同斜率的线性时变控制信号序列应用于各向异性时空编码 RIS 的不同极化通道，可以将信息调制到不同的极化信道和频率信道上，从而实现频率 - 极化分集复用信号调制[18]。利用各向异性时空编码 RIS 可以搭建的空间 - 频率 - 极化分集复用无线通信发射机，极大地简化了无线通信系统的架构。相较于早期的 RIS 发射机，这种发射机所构建的系统可在更高的维度上提高信道容量和空间利用率，为其在多用户协同无线通信中的应用提供了新思路和新的解决方案。

8.5　RIS 使能空中计算

无线模拟计算通过精细构建的传输信号将计算卸载到无线环境中。通过 RIS 设计周围的无线传播环境来实现架构，被称为基于 RIS 的空中卷积神经网络架构（Air Neural Network，AirNN）。AirNN 利用波的反射物理特性来表示模拟域中的数字卷积，这是 CNN 架构的重要组成部分。与传统通信相比，接收端需要对信道的变化做出相应的响应，通常这种响应可以表示为有限脉冲响应（Finite Impulse Response，FIR）滤波器，AirNN 主动创建信号反射以通过 RIS 来模拟特定的 FIR 滤波器。AirNN 涉及两个步骤：首先，CNN 中神经元的权重是从一组有限的信道脉冲响应（Channel Impulse Response，CIR）中提取的，这些信道脉冲响应对应到可实现的 FIR 滤波器。其次，每个 CIR 都是通过 RIS 设计的，反射信号在接收器处组合信号，可以确定卷积的输出[19]。传统的空中计算与基于 RIS 的新型 AirNN 对比如图 8-4 所示。传统的 CNN 架构重点强调了卷积的计算步骤，输入数据形式是原始的 IQ 样本，软件中的数字卷积运算被表示为一组 FIR 滤波器，不同的 RIS 配置导致了特定的通道转换等同于图 8-4（a）中所示的卷积运算，图 8-4（b）中的 AirNN 架构展示了相同的卷积使用 RIS 网络进行无线环境的调节与操控。

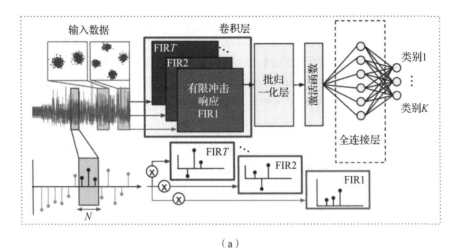

（a）

（b）

图 8-4 传统的空中计算与基于 RIS 的新型 AirNN 的对比

　　为了满足未来的通信和计算需求，需要新材料技术来补充现有的通信和计算技术，从而使电子产品及其应用进一步多样化。这里将介绍基于 RIS 的智能计算超表面[20]，智能计算超表面由智能控制器和三层组成：负责可调信号反射、吸收和折射的可重构波束成形层，负责基于超材料计算的智能计算层和负责系统调控的控制层。前两个多功能层相互影响，应共同配置。内部控制层是由智能控制器触发的控制电路板，重点调整波束成形层的可调参数，可由 FPGA 实现。为了满足计算任务的多样化，智能计算层可以配置不同种类的超材料，例如用于无线频谱学习的神经形态计算超材料，或用于保密信号的模拟计算超材料等。探索计算超材料的最新趋势发现，智能计算超表面有可能使通信计算一体成为现实[21]。

参 考 文 献

［1］Liu Y，Mu X，Xu J，et al. STAR：Simultaneous transmission and reflection for 360 coverage by intelligent surfaces［J］. IEEE Wireless Communications，2021，28（6）：102 − 109.

［2］Xu J，Liu Y，Mu X，et al. STARSs：Simultaneous transmitting and reflecting reconfigurable intelligent surfaces［J］. IEEE Communications Letters，2021，25（9）：3134 − 3138.

［3］Xu J，Liu Y，Mu X，et al. STARSs：A correlated T&R phase − shift model and practical phase − shift configuration strategies［J］. IEEE Journal of Selected Topics in Signal Processing，2022，16（5）：1097 − 1111.

［4］Xu J，Liu Y，Mu X，et al. Simultaneously transmitting and reflecting intelligent omni − surfaces：modeling and implementation［J］. IEEE Vehicular Technology Magazine，2022，17（2）：46 − 54.

［5］Mu X，Liu Y，Guo L，et al. Simultaneously transmitting and reflecting（STAR）RIS aided wireless communications［J］. IEEE Transactions on Wireless Communications，2022，21（5）：3083 − 3098.

［6］He J，Fakhreddine A，Alexandropoulos GC. Simultaneous indoor and outdoor 3D localization with STAR − RIS − assisted millimeter wave systems［C］. IEEE Vehicular Technology Conference，London/Beijing，UK/China，2022：1 − 6.

［7］Alexandropoulos G C，Vinieratou I，Wymeersch H. localization via multiple reconfigurable intelligent surfaces equipped with single receive RF chains［J］. IEEE Wireless Communications Letters，2022，11（5）：1072 − 1076.

［8］He J，Fakhreddine A，Vanwynsberghe C，et al. 3D localization with a single partially − connected receiving RIS：Positioning error analysis and algorithmic design［J］. IEEE Transactions on Vehicular Technology，2023，72（10）：13190 − 13202.

［9］He J，Fakhreddine A，Wymeersch H，et al. Compressed − sensing − based 3D localization with distributed passive reconfigurable intelligent surfaces［C］. IEEE International Conference on Acoustics，Speech and Signal Processing，Rhodes，Greece，2023：1 − 5.

［10］Daniel O，Wymeersch H，Nurmi J. Delay − accuracy tradeoff in opportunistic time − of − arrival localization［J］. IEEE Signal Processing Letters，2018，25（6）：763 − 767.

[11] Tang W, Dai J Y, Chen M Z, et al. MIMO transmission through reconfigurable intelligent surface: System design, analysis, and implementation[J]. IEEE Journal on Selected Areas in Communications, 2020, 38(11): 2683 − 2699.

[12] Wang X, Han J, Tian S, et al. Amplification and manipulation of nonlinear electromagnetic waves and enhanced nonreciprocity using transmissive space − time − coding metasurface[J]. Advanced Science, 2022, 9(11): 2105960.

[13] Zhang Z, Dai L, Chen X, et al. Active RIS vs. passive RIS: Which will prevail in 6G? [J]. IEEE Transactions on Communications, 2022, 71(3): 1707 − 1725.

[14] Zhang L, Chen M Z, Tang W, et al. A wireless communication scheme based on space − and frequency − division multiplexing using digital metasurfaces[J]. Nature Electronics, 2021, 4(3): 218 − 227.

[15] Bai X, Kong F, Sun Y, et al. High − efficiency transmissive programmable metasurface for multimode OAM generation[J]. Advanced Optical Materials, 2020, 8 (17): 2000570.

[16] Li Z, Chen W, Cao H. Beamforming design and power allocation for transmissive RMS − based transmitter architectures[J]. IEEE Wireless Communications Letters, 2022, 11(1): 53 − 57.

[17] Li Z, Chen W, Liu Z, et al. Joint communication and computation design in transmissive rms transceiver enabled multi − tier computing networks[J]. IEEE Journal on Selected Areas in Communications, 2023, 41(2): 334 − 348.

[18] Ke J C, Chen X, Tang W, et al. Space − frequency − polarization − division multiplexed wireless communication system using anisotropic space − time − coding digital metasurface[J]. National Science Review, 2022, 9(11): nwac225.

[19] Sanchez S G, Reus − Muns G, Bocanegra C, et al. AirNN: Over − the − air computation for neural networks via reconfigurable intelligent surfaces[J]. IEEE/ACM Transactions on Networking, 2022, 31(6): 2470 − 2482.

[20] Yang B, Cao X, Xu J, et al. Reconfigurable intelligent computational surfaces: When wave propagation control meets computing[J]. IEEE Wireless Communications, 2023, 30(3): 120 − 128.

[21] 智能超表面技术联盟. 智能超表面技术白皮书[R/OL]. [2023 − 02 − 09]. https://www.risalliance.com.

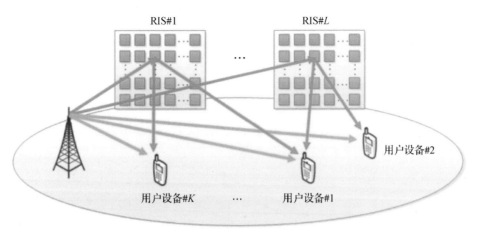

图 3 – 7 基于 RIS 可控信道的视距多流传输

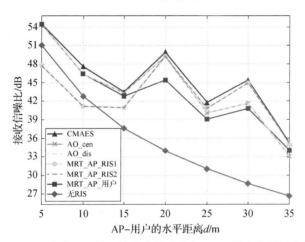

图 5 – 14 不同方案下通信系统接收信噪比与 AP – 用户水平距离的关系

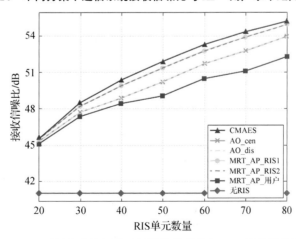

图 5 – 15 不同方案下通信系统接收信噪比与 RIS 元件数的关系

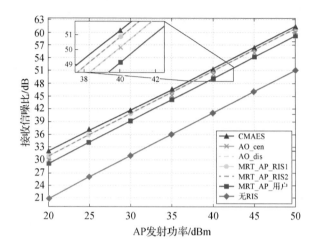

图 5 – 16   不同方案下通信系统接收信噪比与发射功率的关系

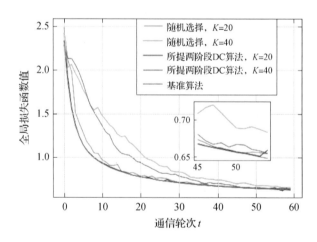

图 6 – 2   全局损失

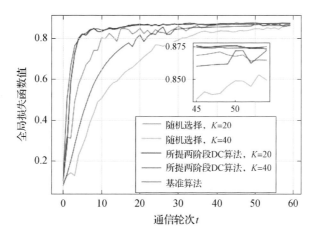

图 6 - 3 测试精度

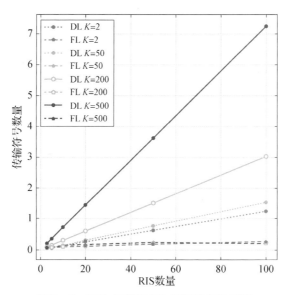

图 7 - 8 FDL 框架和 DL 框架的传输开销